KB178953

돌턴이 들려주는 **원자** 이야기

돌턴이 들려주는 원자 이야기

ⓒ 최미화, 2010

초　판　1쇄 발행일 | 2005년 3월 26일
개정판　1쇄 발행일 | 2010년 9월 1일
개정판 19쇄 발행일 | 2021년 5월 28일

지은이 | 최미화
펴낸이 | 정은영
펴낸곳 | (주)자음과모음

출판등록 | 2001년 11월 28일 제2001-000259호
주　　　소 | 04047 서울시 마포구 양화로6길 49
전　　　화 | 편집부 (02)324-2347, 경영지원부 (02)325-6047
팩　　　스 | 편집부 (02)324-2348, 경영지원부 (02)2648-1311
e-mail | jamoteen@jamobook.com

ISBN 978-89-544-2010-5 (44400)

돌턴이 들려주는

원자 이야기

| 최미화 지음 |

만은 것이
원자로 이루어졌군!

|주|자음과모음

돌턴을 꿈꾸는 청소년을 위한 '원자' 이야기

세상은 무엇으로 되어 있을까? 물질을 점점 더 작게 쪼개면 무엇이 될까요? 오래전부터 많은 사람들이 가장 궁금하게 여기던 문제입니다.

'더 이상 쪼갤 수 없는 것'이라는 뜻으로 'atom(원자)'이라는 말을 처음 생각해 낸 것은 고대 그리스 철학자들이었지만, 충분한 과학적 근거를 찾지 못했기 때문에 널리 사용되지는 못했습니다. 그런데 18세기 말 영국의 돌턴이 원자의 개념을 이용하면 여러 가지 화학 반응의 특성을 체계적으로 설명할 수 있다는 사실을 발견하면서 사정이 달라졌습니다. 그 후 원자 개념은 화학, 물리학, 생명 과학을 포함한 현대 과학의 가장 중요한 개념이 되었습니다.

지금까지 밝혀진 원소의 종류는 110여 가지입니다. 물론 원소들은 종류에 따라 모두 다른 특성을 가지고 있습니다. 여러 종류의 원자들이 화학 결합으로 이어지면 수없이 많은 종류의 분자들이 만들어집니다. 그런 결합은 원자를 구성하는 전자들에 의해서 이루어집니다. 그래서 원자들의 결합으로 만들어지는 분자들의 성질도 원자핵과 전자의 성질과 깊은 관계가 있습니다.

원자에서 전자가 떨어져 나오면 '이온'이 만들어지고, 그런 전자들이 전깃줄을 따라 흘러가면 전등을 밝혀 주거나, 컴퓨터를 움직이게 해 주는 전기가 됩니다.

'아는 만큼 보이고, 알면 사랑한다'는 말처럼 원자의 세상을 공부하고 나면 주변에 있는 모든 것들이 새로운 모습으로 보이고, 더욱 소중하게 느껴질 것입니다. 첨단 과학이라는 NT(나노 기술)와 BT(바이오 기술)도 사실은 모두 원자 세계로부터 시작된답니다. 우리 함께 흥미롭고 환상적인 원자의 세계로 여행을 떠나 볼까요?

최 미 화

차례

1

세상을 이루는
작은 입자를 찾아서

물질을 계속 쪼개면 무엇이 남을까요?
옛날 사람들이 생각했던 물질의 근원에 대해 알아봅시다.

1

세상을 이루는 작은 입자를 찾아서

돌턴이 학생들에게
반갑게 인사하며
첫 번째 수업을 시작했다.

사탕을 쪼개면 무엇이 남을까요?

우리 주변에는 참으로 많은 물질들이 있습니다. 물질이 뭐냐고요? 글쎄요. 한마디로 말하기는 좀 어렵겠지만 예를 들어 보지요.

지금 여러분이 보고 있는 책은 '종이'로 되어 있고, 종이는 '셀룰로오스'라는 분자로 이루어져 있습니다. 책에 적힌 글자는 잉크로 쓰여졌으며, 잉크 속에는 염료 물질이 들어 있지요. 너무 어렵나요? 좀 쉬운 예를 들어 보지요.

설탕, 소금, 공기, 물, 플라스틱, 유리 등도 물질입니다. 물질에는 나무나 금속처럼 단단한 것도 있고, 물처럼 일정한 형태가 없는 것도 있습니다. 또 공기처럼 우리 눈에 보이지 않는 것도 있지요.

지금 여러분 주변에는 어떤 물질들이 있는지 한번 둘러보세요.

이제 사탕 이야기를 해 보지요. 새콤달콤한 맛을 가진 사탕은 생각만 해도 침이 돕니다. 입 안에서 사르르 녹여 먹기도 하지만, 성질이 급한 사람은 깨물어 먹기도 하지요. 만약 망치로 사탕을 두드리면 잘게 부서지겠지요.

잘게 부서진 사탕을 계속 쪼개 나가면 어떻게 될까요? 그래도 아주 작은 가루로 남을 겁니다. 아무리 작은 가루라 해도 그 가루를 구성하는 어떤 것이 있습니다. 이렇게 물질을 계속 쪼개 나가면 결국 원자라는 작은 입자를 만나게 된답니다.

물질   쪼갠다   원자

옛날 사람들의 생각

아주 먼 옛날부터 사람들은 세상을 채우고 있는 물질들이 도대체 무엇으로 만들어졌는지 알아내려고 노력해 왔습니다. 그 답을 알아야만 우리는 누구이고, 어떤 곳에서 어떻게 살아가야 하는지 이해할 수 있기 때문이지요.

동양에서는 세상의 모든 것이 불, 물, 나무, 쇠, 흙으로 되어 있다는 음양오행설*로 우주 만물의 이치를 설명하려 했습니다. 서양에서도 불, 공기, 물, 흙이라는 네 가지 원소들의 결합으로 만물의 생성을 설명하려 했는데, 이것을 4원소설이라고 합니다.

존재하지 않는 제5원소

플라톤(Platon, B.C.428~B.C.347)과 아리스토텔레스(Aristoteles, B.C.384~B.C.322)는 4원소설의 네 가지 원소에 제5원소를 더하고, 물질 세계를 만드는 가장 기본적인 원소는 바로 제5원소라고 주장했습니다. 플라톤은 당시 사람들이 불멸의 물질이라고 믿었던 '에테르'를 제5원소라고 하였는데, 여기서 말하는 에테르는 현대

---

* 음양오행설 : 고대 중국에서 발생한 세계관의 하나. 우주의 모든 현상과 만물의 생성소멸을 음양과 오행으로 설명하는 이론. 음양은 음지와 양지를 가리키며, 오행은 불(화, 火), 물(수, 水), 나무(목, 木), 쇠(금, 金), 흙(토, 土)의 운행을 가리킴.

의학에서 마취제로 쓰이는 에테르와는 전혀 다른 것입니다. 물론 그것이 무엇인지 당시에는 아무도 밝힐 수 없었을 뿐 아니라, 현대 과학에서 보면 전혀 사실이 아닌 이야기랍니다.

아무튼, 여기서 아이디어를 얻어 〈제5원소〉라는 영화가 나오기도 했는데, 재미있는 것은 영화의 제5원소가 바로 '사랑'이었답니다. 사람 사는 세상에서 없어서는 안 될 아주 중요한 것이 바로 사랑이라는 말이지요. 과학과는 거리가 먼 허구의 이야기지만, 보는 사람들로 하여금 물질 세계에는 어떤 이치가 있다는 것을 느끼게 합니다. 물론 현대 과학에서 제5원소라는 것은 존재하지 않습니다.

더 이상 쪼갤 수 없는 입자

아리스토텔레스 이후에는 물질에 대해 어떤 생각들을 했을까요? 기원전 400년경, 고대 그리스의 데모크리토스(Demokritos, B.C.460?~B.C.370?)는 '물질은 더 이상 쪼갤 수 없는 입자로 되어 있다'고 생각하고 이를 '원자(atom)'라고 하였습니다. 'atom'은 그리스 어로 더 이상 쪼갤 수 없다는 뜻입니다.

데모크리토스는 금(gold)과 같은 물질을 작은 조각으로 자르고 또 자르다 보면 금의 성질은 그대로 가지고 있으면서 더 이상 자를 수 없는 조그만 금 알갱이가 될 것이라고 생각했던 거지요. 그리고 여러 물질들의 원자들이 모두 같은 물질이며, 단지 모양과 크기만 다르다고 생각했습니다.

그러나 물질에 대한 이 생각은 과학적인 증거가 없었으며, 그 후 무려 2천2백 년 동안이나 철학적인 논쟁에서만 가끔 들먹였을 뿐이었지요.

데모크리토스 이후 2천 년이라는 긴 세월이 지나고 1600년대에 들어와서야 비로소 원소 개념에 대한 과학적 검토가 이루어졌습니다.

영국의 화학자 보일(Robert Boyle, 1627~1691)은 당시까지 사람들이 믿고 있었던 아리스토텔레스의 4원소설을 거부하고, '모든 복합물은 그것을 분해하면 마침내 더 이상 분해할 수 없는 원시적인 단순한 물질에 도달한다. 이것이 원소이다'라고 했습니다. 고대 철학자나 연금술사들이 단순한 추상적 추리에 의해 원소를 생각하고 그 근거를 밝히지 않았던 것에 비하면, 보일의 생각은 상당히 과학적이라고 할 수 있습니다.

타는 물질 속 플로지스톤

물질을 이루는 근원적인 것이 무엇인지에 대한 옛날 사람들의 생각을 되짚어 보면 재미있습니다. 물도 나오고 불도 나오니까 말입니다. 최초로 물질의 근원에 대해 언급한 사람은 기원전 6세기에 살았던 그리스의 철학자 탈레스(Thales, B.C.624?~B.C.546?)입니다. 그는 만물의 근원은 물이라고 했지요. 그리고 기원전 5세기에는 엠페도클레스(Empedokles, B.C.490?~B.C.430?)가 만물은 불, 공기, 물, 흙으로 이루어져 있다는 4원소설을 주장했습니다.

그 후 기원전 4세기에 그리스의 철학자 데모크리토스는 물질이 입자로 되어 있다는 입자설을 처음으로 주장했으며, 플라톤과 아리스토텔레스는 엠페도클레스의 생각을 발전시킨 4원소설을 주장했답니다. 4원소설은 중세 연금술의 배경이 되었는데, 연금술이란 물질을 화합시켜 금을 만들 수 있다고 믿고, 그 방법과 기술을 찾아내려는 노력을 일컫는 말입니다.

이렇게 물질의 기원에 대해 많은 주장들이 있었지만, 그 어느 것도 사실이 아니었습니다. 데모크리토스 이후 2천 년이라는 세월이 지나서야 보일에 의해 과학적 관점의 원자설이 나오게 되었던 것이지요.

물질의 근원을 어둡게 만든 플로지스톤
그러나 보일의 생각 이후, 독일의 화학자 슈탈(Georg Stahl,

1660~1734)에 의해 플로지스톤 가설*이 발표되면서 물질의 근원은 100년 정도 깜깜한 밤길을 헤매게 되었답니다. 비과학적인 플로지스톤 가설이 거의 100년 동안이나 지속되었기 때문이지요.

'어떤 물체가 타는 것은 그 물체가 공기 중으로 플로지스톤을 방출하기 때문'이라는 주장을 플로지스톤 가설이라고 하는데, 플로지스톤을 물질로 생각한 슈탈은 비과학적이지만 재미있는 여러 가지 생각을 하였습니다. 그는 물질의 열은 분자 운동 때문에 생기는 것이고, 사람 몸의 열은 혈액의 마찰 때문에 생기는 것이라고 했습니다. 그리고 연소할 때는 플로지스톤이 빠져나가고 대신 공기가 들어간다고 생각했답니다.

타고 나면 가벼워진다?

슈탈의 주장에 의하면, 플로지스톤은 가연성을 대표하는 원소로서 가연 물질이나 금속은 모두 이것을 함유하며, 특히 숯·황·기름 등 연소하기 쉬운 물질은 대부분 플로지스톤으로 이루어져 있다고 합니다. 연소할 때는 원래의 물질에서 플

---

* 플로지스톤 가설 : 플로지스톤은 그리스 어로서 '불꽃'이라는 뜻이며, 물질이 타는 현상을 설명하기 위해 만들어진 개념.

로지스톤이 빠져나가고 뒤에 재가 남는다는 것이지요. 예를 들면, 나무가 타는 것은 그 속에 있던 플로지스톤을 방출하는 것이고, 타고 남은 재는 그만큼 질량이 줄어든다는 것이지요.

또 이 이론은 잘 타는 물질은 플로지스톤을 많이 가지고 있고, 타지 않는 물질은 플로지스톤을 가지고 있지 않기 때문이라고 설명합니다. 당시의 화학자들이 이 이론을 믿었던 까닭은 물질이 타고 나면 질량이 줄어들었기 때문이었습니다.

그러나 플로지스톤 가설로는 금속이 탈 때 질량이 오히려 늘어나는 현상을 설명할 수 없었지요. 금속이 타면 왜 질량이 늘어나느냐고요? 금속이 타면 산소와 결합하게 되므로 타기 전보다 무거워지는 것이지요. 물론 탈 때 결합한 산소의 양만큼 무거워집니다.

슈탈은 연소를 설명하기 위해 플로지스톤을 생각했었지만, 나중에는 플로지스톤이 모든 화학 이론의 중심이 되고, 굳기와 색의 원인으로까지 확대되었습니다. 캐번디시(Henry Cavendish, 1731~1810)와 프리스틀리(Joseph Priestley, 1733~1804) 같은 당시의 유명한 화학자들도 그들이 얻은 실험 성과를 모두 플로지스톤 이론으로 설명하였습니다. 그러나 라부아지에(Antoine Lavoisier, 1743~1794)가 산소를 발견하면서 플로지스톤 가설은 전혀 사실이 아니라는 것이 밝혀지게 됩니다.

플로지스톤 가설을 반대한 라부아지에

1700년대 후반, 연소 현상을 연구하던 라부아지에는 플로지스톤 가설에 반대하였습니다. 그는 공기가 2종류의 기체로 이루어져 있으며 그중의 한 기체가 연소를 돕는 데 쓰인다고 주장했습니다. 라부아지에는 연소를 돕는 기체의 이름을 산소라고 부르고, 연소란 플로지스톤의 분리가 아니라 산소와의 결합이라는 것을 밝혔답니다.

이렇게 플로지스톤이 공상의 원소라는 것이 지적되자 공기는 이미 원소가 아닌 것으로 되었으며 새로운 원소 가설이 제창되었습니다. 그러니까 플로지스톤 가설은 완전히 잘못된 이론이라는 것을 라부아지에가 밝히게 된 것이지요. 그리고 라부아지에는 어떤 방법으로도 더 이상 분해할 수 없는 물질을 원소라고 하였습니다.

뭘 하고 있나요?

아, 돌턴 선생님! 지금 실험 중이었어요.

사탕을 계속 쪼갤 경우 어떻게 되나 해서요.

어떻게 결론이 났나요?

계속 쪼갤수록 점점 작아지니까 아마 더 쪼개어 나가면 사탕은 없어질거 같아요.

사탕을 아무리 쪼개도 없어지지는 않아요. 대신 아주 작은 가루가 남지요.

그리고 이렇게 작은 가루를 구성하는 물질이 또 있어요. 만약 더 작게 사탕 가루를 쪼개어 나간다면 원자라는 작은 입자를 만나게 된답니다.

하지만 가루도 이렇게 작은데 이걸 구성하는 더 작은 입자가 있다고요?

그렇지요. 사탕뿐만 아니라 여기의 책상과 망치 등 모든 물질은 눈에 보이지는 않지만 원자로 구성되어 있어요.

그렇구나.

2

원자는 어떻게 생겼을까요?

더 이상 쪼갤 수 없다고 생각했던 원자는 사실 더 작은 입자들로 이루어져 있답니다.
원자의 구조에 대해 알아보고, 원소들이 어디에서 왔는지 생각해 보기로 합시다.

2

두 번째 수업

원자는 어떻게
생겼을까요?

돌턴이 자신이 주장하는
원자론에 대한 이야기로
두 번째 수업을 시작했다.

원자는 어떻게 생겼을까요?

원자론을 본격적으로 재생시킨 인물은 영국의 학교 선생님
이었던 바로 나, 돌턴이었습니다. 나는 '물질이 무엇으로 이
루어져 있는가?'라는 것에 대해 누구보다도 명확하게 설명했
는데, 이것을 내 이름을 따서 돌턴의 원자설이라고 합니다.

1803년에 발표한 이 원자설에 의해 물질의 입자성이 밝혀
지고, 이로써 근대 화학이 급진적인 발달을 하게 됩니다. 이
원자설은 어떤 생각을 담고 있을까요?

나는 당시의 화학자들이 연구했던 실험들의 결과를 보고, '원자'라는 개념을 도입하면 많은 것을 설명할 수 있다고 생각했습니다. 그래서 모든 물질은 원자로 구성되어 있으며, 같은 원소의 원자는 크기, 질량, 성질이 모두 같다고 주장하였지요.

　나중에 밝혀진 것이지만, 원자는 눈으로 볼 수 없을 만큼 작기 때문에, 그런 원자가 실제로 존재한다는 사실은 1905년 아인슈타인(Albert Einstein, 1879~1955)이 브라운 운동을 원자의 움직임으로 설명하면서 확실하게 증명되었습니다.

　즉, 우리 주변의 모든 물질은 원자라고 하는 작은 알맹이로 만들어져 있는데, 이 원자의 크기는 $\dfrac{1}{100,000,000}$cm 정도로 작아서 손으로 만질 수도 없고, 눈으로 볼 수도 없습니다. $\dfrac{1}{100,000,000}$cm는 도대체 어느 정도의 크기일까요? 사람의 머리카락으로 알아보지요. 사람에 따라 머리카락의 굵기가

조금씩 다르기는 하지만, 평균적인 굵기의 머리카락을 수십만 가닥으로 쪼갰을 때, 그 쪼갠 머리카락 한 올의 굵기가 거의 $\frac{1}{100,000,000}$cm 정도라고 합니다.

머리카락을 수십만 가닥으로 쪼갠 것 중의 한 올, 그 한 올의 굵기가 얼마나 가는지 상상이 되나요? 물질의 세계에서 이렇게 작은 크기를 말할 때 옹스트롬(Å)이라는 단위를 사용하기도 합니다. $\frac{1}{100,000,000}$cm가 바로 1Å이랍니다. 근래에는 나노미터(nm)라는 단위를 더 많이 사용합니다. 1nm는 $\frac{1}{1,000,000,000}$m를 말합니다. 최근에 자주 사용되는 나노테크놀로지(NT)라는 말도 바로 나노미터 단위의 작은 입자를 다루는 기술이라는 뜻이랍니다.

이렇게 작은 원자는 다시 '원자핵'과 '전자'로 나누어집니다. 과학자들은 그런 입자들이 어떤 모양으로 원자를 구성하고 있는지 궁금하게 여겼습니다. 그래서 원자의 모양에 대한 여러 가지 모형들이 나오게 되었지요. 그러면 원자 모형은 어떻게 변해 왔을까요?

톰슨의 원자 모형

1803년에 원자설을 발표했던 나는 원자를 단순한 공 모양의 알갱이로만 생각했습니다. 그러나 1903년에 전자의 존재를 밝힌 영국의 물리학자 톰슨(Joseph Thomson, 1856~1940)은 반지름이 $\dfrac{1}{100,000,000}$ cm 정도 되는 공 모양에 음전기를 띤 전자가 고르게 퍼져 있는 원자 모형을 제안했습니다.

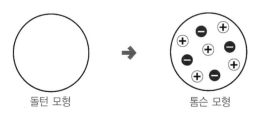

돌턴 모형   톰슨 모형

원자의 크기에 비하여 전자는 약 $\dfrac{1}{100,000}$ 정도의 크기에 지나지 않으므로, 전자들이 원자 속에 띄엄띄엄 박혀 있을 것이라고 생각했지요. 마치 빵 속에 건포도가 콕콕 박힌 것처럼, 전자가 원자 알갱이 속에 박혀 있는 모습을 상상하면 재미있지 않나요?

이 제안은 원자 모형 속에 전자를 포함시켰다는 점에서 당시 큰 주목을 받았습니다. 그러나 곧 이 모형은 잘못이 있다고 밝혀졌습니다.

러더퍼드의 원자 모형

바로 톰슨의 제자인 러더퍼드(Ernest Rutherford, 1871~1937)가 그 모형의 잘못을 밝혔답니다. 러더퍼드는 1906년에 실험을 통해 원자핵을 발견하면서 톰슨과는 다른 원자 모형을 제안했습니다. 톰슨이 제안한 모형은 실험에 바탕을 두고 있지 않으며, 그것으로는 러더퍼드가 얻은 실험의 결과를 설명할 수 없었기 때문이지

러더퍼드 모형

요. 그래서 러더퍼드는 원자의 중심에 양전기를 띤 원자핵이 있고, 태양 주위를 돌고 있는 행성들처럼 음전기를 띤 전자가 원자핵을 중심으로 돌고 있는 모형을 제안했습니다. 그러나 원자핵을 중심으로 돌고 있는 전자는 결국 에너지를 잃어버리고 원자핵 속으로 끌려 들어가 버려야 한다는 사실이 이미 알려져 있었기 때문에 완전한 모형이 될 수가 없었습니다.

보어의 원자 모형

그 후 1913년, 러더퍼드 밑에서 공부하던 보어(Niels Bohr, 1885~1962)가 원자의 구조를 다룬 획기적인 논문을 통해서 러더퍼드 모형의 문제를 해결했습니다. 보어는 원자핵 주위를 돌고 있

보어 모형

는 전자가 특별한 '양자' 조건을 만족하게 되면 고전 물리학에서와는 달리 전자가 원자핵으로 끌려 들어가지 않고도 안

정적으로 남아 있을 수 있다는 '양자 가설'을 주장했습니다.

보어는 그런 모형으로 수소의 선 스펙트럼을 훌륭하게 설명했고, 그 공로로 1922년 노벨 물리학상을 받았습니다.

현대적 원자 모형

가장 현대적인 원자 모형은 1926년 슈뢰딩거(Erwin Schrö dinger, 1887~1961)에 의해 제안된 오비탈 모형입니다. 오비탈 모형에서는 작고 가벼운 전자가 무거운 원자핵 주위에 둥근 모양의 구름처럼 퍼져 있습니다. 오비탈이란 원자핵 주위의 어느 곳에서 전자를 발견할 확률 분포를 말합니다. 좀 어렵나요? 원자핵 주변에 퍼져 있는 전자를 좀 쉽게 연상하려면 이렇게 해 보지요.

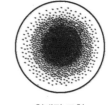

현대적 모형

원자의 크기를 잠실 운동장 정도로 생각하면, 원자핵은 운동장 중앙에 놓여 있는 알사탕 정도의 크기이고, 전자는 운동장 주변을 매우 바쁘게 돌아다니는 개미 한 마리 정도라고 할 수 있습니다. 이와 같이 전자는 매우 작기 때문에, 우리는 전자가 어디에 있는가 대신에 어디에 존재할 확률이 높은가를 알아낼 수 있을 뿐입니다. 그리고 확률의 개념을 이용해서 원자의 구조를 설명하는 이론을 양자 역학이라고 한답니다.

이 세상에는 얼마나 많은 물질이 있을까요?

세상의 모든 물질이 원자로 이루어져 있다는 것을 이제 알게 되었나요? 사실 지구상의 모든 물질은 '원자'와 원자들이 결합되어 만들어지는 '분자'로 되어 있습니다. 원자는 매우 작아 볼 수도 만질 수도 없다고 했는데, 분자 역시 눈으로 보기에는 매우 작습니다.

예를 들어, 유리컵에 들어 있는 물을 볼까요? 물은 수소 원자 2개와 산소 원자 1개가 만나 이루어진 분자랍니다. 우리 눈에 보이는 물은 한두 개의 분자가 아니라 상상할 수 없을 만큼 많은 수의 물 분자들이 모여 있는 것입니다. 물론 물 분자를 하나 둘 헤아릴 수는 없습니다. 분자의 크기는 너무 작고, 분자의 수는 너무 많기 때문이지요.

원소들이 만들어 내는 분자의 종류는 무한히 다양하고 많습니다. 그중에서도 탄소 원자를 중심으로 만들어지는 분자는 정말 다양하답니다.

지금까지 알려진 원소는 110여 종

탄소와 황은 인류의 역사 이전부터 알려져 있었고, 구리, 금, 은, 철 등이 그 후에 알려졌습니다. 현대 과학적인 방법으로 원소를 발견하기 시작한 것은 18세기 후반부터였으며, 2008년까지 알려진 원자의 종류는 118개입니다.

물질을 구성하는 원자의 종류를 원소라고 하는데, 오늘날 우리가 알고 있는 원자의 종류는 겨우 110여 종에 지나지 않는다는 것입니다. 세상에 있는 물질을 모두 나열하면 끝도 없이 많을 것 같은데, 그것을 이루는 원자의 종류는 불과 110여 종에 지나지 않다니 놀랍지요? 그중에서 우리가 살고 있는 지구에서 발견되는 것은 대략 92종류 정도이고, 나머지는 실험실에서 인공적으로 만든 것입니다.

그런데 이런 원소가 앞으로 얼마나 더 발견될 것인지, 얼마나 더 합성될 것인지는 아무도 모릅니다. 왜냐하면 원소 발견은 지금도 계속되고 있기 때문입니다.

물질의 종류는 원소의 종류와 비교할 수 없이 많다

110여 종의 원소 중에서 지구상의 어디에나 흔하게 존재하는 원소는 20종류 정도이고, 그중에서도 사람을 비롯한 생물에게 중요한 원소는 10종류 정도입니다. 그러나 원소 알갱이

들의 결합으로 만들어진 분자는 지금까지 무려 3,700만 종류나 확인되었습니다. 그리고 지금도 하루에 4,000종류의 분자들이 새로 발견되거나 만들어지고 있습니다.

110여 종의 원소, 그중에서도 불과 수십 종 원소들의 조합으로 세상은 매일매일 새로운 물질로 채워지고 있다는 것이지요. 가만히 생각해 보면, 불과 수십 종의 원소들이 이 세상에 살고 있는 모든 동물과 식물을 포함한 자연의 온갖 다양함과 아름다움을 만들어 내고 있다는 사실이 정말 감탄스럽습니다.

미래에 인공적으로 만들게 될 물질까지 생각한다면 분자의 세계, 즉 물질의 종류는 거의 무한하다고 할 수 있습니다. 특히 탄소 원자가 가져올 물질 세계의 혁명이 지금 우리 앞에서 숨 가쁘게 펼쳐지고 있답니다.

원소들의 고향

밤하늘에 빛나는 수많은 별들을 보면 우리는 신비감을 떨칠 수가 없습니다. 그러다 보면 어디선가 우주선을 타고 외계인이라도 나타나지 않을까 하는 공상을 해 보기도 하지요. 이런 우주가 바로 원소의 고향이랍니다.

아주 오래전, 대폭발(빅뱅)이라는 사건에 의해 우주가 만들어지고 3분이 지난 후에 수소, 헬륨, 리튬과 같은 가벼운 원소들이 만들어졌습니다. 그리고 탄소, 산소, 철, 구리와 같은 무거운 원소들은 거대한 별이 일생을 다할 때에 일어나는 초신성(슈퍼노바) 폭발과 같은 과정에서 만들어졌다고 합니다.

그렇게 만들어진 무거운 원소들이 우주 공간을 떠돌다가 우연한 기회에 다시 뭉쳐져서 만들어진 것이 지구와 같은 행성입니다. 그러니까 우리는 모두 우주에서 떠돌던 먼지에서 만들어진 존재가 되는 셈입니다.

원소는 어디에서 왔을까?

대폭발에 의해 만들어진 수소, 헬륨, 리튬을 제외한 대부분의 원소들의 고향은 별입니다. 별이 사라질 때 일어나는 폭발 과정에서 무거운 원소들이 만들어졌으니까요. 현재 우리가 알고 있는 원소 중에서 탄소, 철, 구리, 금, 은, 주석, 황, 수은, 납의 9종은 고대부터 알려져 온 원소들입니다. 이 원소들은 자연 상태에서 그대로 산출되거나 어려운 과정을 거치지 않고도 쉽게 분리되었기 때문이지요.

연금술 시대, 즉 중세에는 아연, 비소, 안티몬, 비스무트가 발견되었고, 1700년대에 수소, 질소, 산소 등의 원소가 알려지면서 30여 종에 이르는 원소가 세상에 알려지게 되었습니다. 그리고 1800년대에는 나트륨, 칼륨, 규소 등을 비롯하여 60여 종의 원소들이 발견되었습니다.

원자의 수에 비하면 원소의 종류는 정말 형편없이 적습니다. 오늘날 우리가 알고 있는 원소의 종류는 겨우 110여 종이니까요. 그중에서 92종류는 우리가 살고 있는 지구에서 발견된 것이고, 나머지는 실험실에서 인공적으로 만든 것입니다.

가장 작은 수소(H)를 비롯해서 탄소(C), 산소(O), 질소(N), 염소(Cl), 나트륨(Na), 철(Fe), 은(Ag), 금(Au) 등이 바로 자연에 존재하는 천연 원소들입니다. 천연 원소 중에서 가장 무거운 것이 바로 원자력 발전소의 원료로 사용하는 우라늄(U)이지요.

자연에 있는 원소들이라고 어디에나 고르게 분포하는 것은 아닙니다. 지구상에서 가장 많이 존재하는 산소는 땅의 47%와 바닷물의 86%를 차지하지만, 대기 중에서는 21% 정도에 불과합니다. 그 다음으로 흔한 규소(실리콘)는 땅의 28%를 차지하지만, 바다와 대기 중에서는 거의 찾아볼 수가 없습니다. 프랑슘(Fr)이라는 원소는 지구 전체에 겨우 20개가량 있을 정도로 희귀하답니다. 오늘날의 과학자들은 그런 보물찾기도 거뜬하게 해내는 실력을 가지고 있습니다.

인류가 처음 발견한 금속, 금

금(gold)은 다른 원소와 잘 반응하지 않으려는 성질이 있어서, 화합물을 잘 만들지 않습니다. 빛을 내면서 광석이나 모래 속에 섞여 있었던 금은 인류가 발견한 최초의 금속이었습니다. 반응성이 큰 원소들은 다른 원소와 화합하여 꼭꼭 숨어 있기 때문에 과학이 많이 발전하기 이전에는 잘 찾아내지 못했지만, 금은 홀로 도도하게 빛을 내고 있다가 사람의 눈에 띄게 된 것이지요.

금은 빛나는 황금색 이외에도 가열해도 변하지 않는 성질, 가공하기 쉬운 성질 때문에 옛날부터 사람들이 매우 귀하게 여겼습니다. 그래서 연금술사들은 귀한 금을 만들어 내기 위해 애를 썼답니다. 물론 누구도 금을 만들어 내는 데 성공한 사람은 없었습니다. 왜냐하면 금은 자연 상태에서만 발견되는 원소이기 때문이지요.

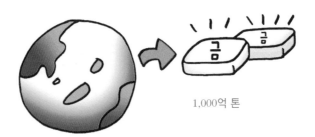

1,000억 톤

우리가 사는 지구의 지각에는 금이 $\dfrac{5}{1,000,000,000}$% 정도 섞여 있는데, 이것을 무게로 환산하면 약 1,000억 톤이라고 합니다. 금은 사금이라고 하는 모래에 섞여 있기도 하고, 커다란 금 덩어리로 발견되기도 합니다. 그런데 재미있는 것은 바닷물에도 금이 들어 있다는 것이지요. 그래서 한때는 바닷물 속의 금을 채취하기 위한 연구가 진행되기도 했지만, 경제성이 없어 중단되고 말았답니다.

자연계에 존재하는 원소 중 가장 무거운 우라늄

천연 원소 중에서 가장 무거운 것은 원자력 발전소의 연료로 사용하는 우라늄이라고 오랫동안 알려져 왔지만, 우라늄 광석 속에는 우라늄보다 더 무거운 플루토늄이 $\dfrac{1}{1,000,000,000}$% 정도 포함되어 있는 것으로 밝혀졌습니다. 그런 플루토늄도 원자력 발전소의 연료로 쓰이기도 하지만, 요즘에는 원자 폭탄의 재료로 더 많이 알려져 있습니다.

음, 왜 안 보이
지?

지금 뭘 보고 있나요?

아, 선생님! 지금 원자를
찾아보려고 머리카락을 확
대해 보고 있는데, 원자가
안 보이네요.

그 돋보기로는 원
자를 관찰할 수가 없
어요. 원자의 크기는 1억
분의 1cm 크기랍니다.

1억 분의 1cm면
대체 어느 정도 크
기인가요?

사람마다 머리카락의 굵기가
다르지만 대체로 머리카락을
수만 번 쪼개었을 때의 크기
정도지요.

뽁

그렇게 작아요? 그
럼, 원자는 cm 단위로
크기를 말할 수가 없겠
네요.

네, 맞아요. 그래서 원자 크기를 말
할 때는 옹스트롬이라는 단위를 쓴
답니다. 1옹스트롬은 1억 분의 1cm
를 말합니다. 근래는 나노미터라는
말을 쓰는데, 이것은 10억 분의 1m
를 말합니다.

나노라는 말은 저도
들어봤어요.

그래요. 요즘 나노테크놀로지라는 말을 많이
쓰지요? 나노테크놀로지라는 것은 앞에서
얘기한 나노 단위의 작은 입자를 다루는 기
술을 말합니다.

아~ 그게
그 나노였군요.

3

원자는 왜 속이 텅 비었을까요?

원자는 전자와 원자핵으로 이루어져 있습니다.
그런데 왜 원자의 속이 텅 비었다고 할까요?

3

원자는 왜 속이 텅 비었을까요?

돌턴이 원자의
크기에 대해 이야기하며
세 번째 수업을 시작했다.

야구장과 개미

원자는 너무 작아 눈으로 볼 수 없다고 했는데, 도대체 얼마나 작을까요? 그 작은 원자 속에 있는 전자는 또 얼마나 작을까요? 그걸 알아보기 위해 공 모양의 이 작은 세계로 들어가 봅시다.

원자 속에는 (+)전기를 띤 원자핵 주위에 (−)전기를 띤 전자들이 구름처럼 퍼져 있습니다. 보통 원자들은 원자 번호에 해당하는 만큼의 전자를 가지고 있지요. 세상에서 가장 작은 원자는 수소 원자인데, 수소 원자의 반지름은 약 0.05nm입니다. 그러니까 수소 원자의 지름은 0.1nm가 됩니다. 1nm는 $\dfrac{1}{1,000,000,000}$m라고 했지요? 그러니까 수소 원자의 지름을 우리가 잘 아는 센티미터 단위로 바꾸어 보면 다음과 같습니다.

수소 원자 지름 : $0.1\text{nm} = 0.1 \times 10^{-9}\text{m} = 0.0000000001\text{m}$

수소 원자 지름 : $0.1\text{nm} = 0.00000001\text{cm}$

정말 작군요. 우리가 자주 쓰는 눈금자의 1cm 눈금을 1억 개로 쪼갠 길이에 수소 원자 한 개가 들어갈 수 있어요. 그러니까 수소 원자의 지름은 $\dfrac{1}{100,000,000}$cm에 해당하는군요. 이것은 수소 원자 1억 개를 한 줄로 세워 놓으면 1cm가 된다는 말입니다. 얼마나 작은지 상상이 되십니까? 이렇게 작은 원자의 크기를 1억 배로 키우면 알사탕 정도의 크기가 되고, 이 알사탕을 다시 10억 배로 키우면 거의 지구 크기가 된답니다.

수소 원자의 크기

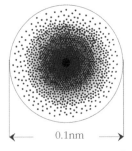

0.1nm

$0.1\text{nm} = 10^{-10}\text{m} = 10^{-8}\text{cm} = 1\text{Å}$

전자는 원자보다 얼마나 작을까?

원자가 무척 작다는 것을 알겠지요? 이렇게 작은 원자는 원자핵과 전자로 이루어져 있으며, 원자핵에는 양성자와 중성자가 들어 있답니다. 이제 원자 속의 원자핵과 전자는 어느 정도 크기인지 알아봅시다.

원자핵의 반지름은 원자 반지름의 $\dfrac{1}{10,000}$ 정도라고 합니다. 바꾸어 말하면 원자 반지름이 원자핵 반지름보다 1만 배 크다는 말이지요. 그러니까 원자핵의 지름은 1조 분의 1cm 정도가 되는 셈이지요. 반지름이 1만 배 크면 부피는 1조 배 크다는 계산이 나옵니다. 길이를 세제곱하면 부피가 되니까요.

원자의 부피 $= \dfrac{4}{3}\pi(0.5 \times 10^{-8})^3 \text{cm}^3$

원자핵의 부피 $= \dfrac{4}{3}\pi(0.5 \times 10^{-8} \times 10^{-4})^3 \text{cm}^3$

만약, 원자핵을 지름 7cm인 야구공으로 생각하면 원자는 지름이 700m인 원형 야구장 정도의 크기가 되지요. 더 쉽게는 잠실 운동장을 원자로, 야구공을 원자핵으로 생각하면 됩니다. 그렇다면 원자의 대부분은 빈 공간이라는 말이 되지요. 전자는 어디 갔냐고요? 물론 전자는 원자핵을 중심으로 일정한 모양으로 퍼져 있습니다. 전자의 크기는 무시할 수 있을 정도로 작기 때문에 점으로 표시될 뿐이랍니다.

정리하면, 잠실 야구장만 한 원자 속에 야구공만 한 원자핵이 있는데, 개미만 한 전자들이 운동장의 스탠드에 끊임없이 자리를 바꿔 가면서 앉아 있는 모양이 바로 원자, 원자핵, 전자의 크기를 비교한 것이 됩니다. 어때요? 머릿속에 그림이 그려지나요?

내가 아는 수 중 가장 작은 수는?

여러분은 많은 수를 알고 있을 겁니다. 아주 큰 수도 있고 아주 작은 수도 있겠지요. 자기가 알고 있는 수 중 가장 작은 수는 무엇인지 한번 생각해 보세요. 수학에서는 아무것도 없는 것을 '0'(영, zero)으로 나타냅니다. 또 음의 부호를 사용해서 '0'보다 작은 수를 나타냅니다. 여기서는 '0'보다 크지만 거의 '0'에 가까울 만큼 작은 수를 이야기하려고 합니다. 무엇이냐고요? 바로 원자의 무게입니다.

물론 앞에서 원자의 크기가 무척 작다는 것을 알게 되었지만, 원자의 무게는 그것보다 더 작은 수로 나타내야 한답니다. 그렇다면 원자는 얼마나 가벼울까요? 그런데 '무게'라는 말보다는 '질량'이라는 말이 정확한 표현이므로, 원자의 무게가 아니라 원자의 질량이라고 해야 합니다.

거듭제곱으로 표시되는 원자의 질량

원자의 질량은 상상하기 어려울 정도로 작습니다. 세상에서 가장 가벼운 원자인 수소 원자 1개의 질량은 1.67×10^{-24}g 입니다. 꽤 무거울 것 같은 금의 경우에도 금 원자 1개의 질량이 3.3×10^{-22}g이며, 자연에서 발견되는 것 중 가장 무거운 우라늄 원자 1개의 질량도 3.95×10^{-22}g에 지나지 않습니다.

그런데 10^{-24}처럼 나타내는 수는 어떻게 읽는지, 어떤 뜻을 가지는지 조금만 알아보지요. 읽을 때는 '10의 마이너스 24

거듭제곱, 혹은 10의 마이너스 24승'이라고 읽습니다. 이것이 뜻하는 것은, 앞에 적힌 수의 소수점을 왼쪽으로 24번 이동시키라는 것입니다. 그러니까 다음과 같이 됩니다.

수소 원자 한 개의 질량 : 1.67×10^{-24}g

$= 0.00000000000000000000000167$g

읽기도 벅찰 만큼 '0'이 많네요. 하지만 결코 '0'은 아닙니다. '0'보다는 크지만 이렇게 작은 수를 본 적이 있나요?

원자량의 기준이 되는 탄소 원자

이처럼 원자의 질량은 너무 작아서 그대로 쓰기에는 불편합니다. 그래서 원자의 질량을 간편하게 나타내기 위해 원자량이라는 것을 사용한답니다. 즉, 기준 원자를 정하고 이것에 대해 다른 원자의 질량이 몇 배인가를 나타내는 숫자로 표시해서 사용하는 것이지요.

그 기준이 되는 원자는 탄소입니다. 즉 질량수 12인 탄소 원자를 12로 정하고, 다른 원자들은 이것을 기준으로 한 상대적인 질량비로 나타냅니다. 그렇게 정한 상대적인 값을 원자량이라고 한답니다.

좀 어렵나요? 그러면 예를 들어 설명하지요. 철수의 몸무게가 20kg이고, 누나의 몸무게가 40kg, 아버지의 몸무게가 60kg이라고 합시다. 철수 몸무게를 기준으로 하여 상대적인 무게비를 구하면 철수는 1이 되고, 누나는 2가 되고, 아버지는 3이 됩니다. 만약 누나의 몸무게를 기준으로 하면, 철수는 0.5가 되고, 누나는 1이 되고, 아버지는 1.5라는 값을 갖게 됩니다.

무게비	1	:	2	:	3
	0.5	:	1	:	1.5

원자들의 상대적인 질량비

원자의 세계에서는 실제의 질량보다 질량의 상대적인 비가 더 중요하게 쓰입니다. 그래서 실제 질량과는 상관없이 탄소 원자의 원자량을 12.00으로 정하고, 다른 원자들의 원자량은 탄소 원자를 기준으로 하여 원자량을 정한 것이지요.

예를 들면, 다음에 나오는 그림에서 수소 원자의 원자량이 1이 된다는 것을 알 수 있습니다. 왜냐고요? 수소 원자 12개의 질량이 탄소 원자 1개의 질량과 같으므로, 수소 원자 1개는 탄소 원자의 $\frac{1}{12}$에 해당하지요. 그래서 수소의 원자량은 1입니다. 또, 산소의 원자량은 16이라는 것도 알 수 있습니다.

지금까지 우리는 원자의 질량이 얼마나 작은지, 그리고 이것을 어떻게 나타내는지 알아보았습니다. 그런데 자연에 있는 것 중 원자의 질량보다 더 작은 수로 표시되는 것이 있다면 믿으시겠어요? 바로 전자의 질량입니다. 전자는 너무 작고 너무 가벼워서 크기와 질량을 무시할 정도랍니다. 물론 전자가 가지고 있는 (−)전기는 그대로 있지만 말입니다. 전자의 질량이 얼마나 작으면 무시하는 걸까요?

속이 텅 빈 원자

원자의 구조를 다시 살펴볼까요? 원자는 원자핵과 전자로 이루어져 있는데, 원자핵은 원자의 중심 부분에 양성자와 중성자가 강하게 뭉쳐져 있는 것을 말합니다. 양성자는 (+)전기를 띤 입자이며, 질량이 1.67×10^{-24}g입니다. 중성자는 전기를 띠지 않은 입자이며, 질량이 1.67×10^{-24}g입니다. 원자핵 주변에서부터 원자의 대부분의 공간을 돌아다니고 있는 전자는 (−)전기를 띠고 있으며, 질량이 9.1×10^{-28}g입니다.

너무 작은 수들이 마구 나오니까 좀 어렵지요? 다시 적어 보겠습니다.

양성자 1개의 질량 : 1.67×10^{-24}g

$$= 0.00000000000000000000000167g$$

중성자 1개의 질량 : 1.67×10^{-24}g

$$= 0.00000000000000000000000167g$$

전자 1개의 질량 : 9.10×10^{-28}g

$$= 0.000000000000000000000000000091g$$

전자는 질량이 없을까?

그러니까 양성자 1개와 중성자 1개의 질량은 서로 같은데, 전자 1개의 질량은 이것들에 비해 $\dfrac{1}{1,835}$ 정도에 지나지 않는군요. 다시 말하면 양성자 1개의 질량은 전자 1개의 질량보다 1,835배 크다는 것이지요. 그래서 원자의 세계에서는 전자의 질량을 무시하기로 약속했답니다.

양성자, 중성자의 질량도 대단히 작은데, 그것보다 $\dfrac{1}{1,835}$ 밖에 되지 않는 전자의 질량은 거의 0이라고 보아도 크게 틀리지 않는다는 것이지요. 질량이 있으되 질량이 없는 것과 같군요.

사실, 원자 질량의 대부분은 원자핵이 차지하고 있는 셈입니다. 정확하게는 원자 질량의 99.9%가 원자핵의 질량에 해

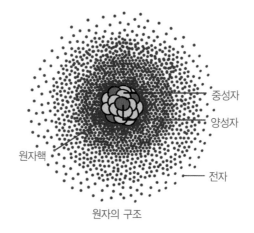

원자의 구조

당합니다. 물론 원자핵에는 양성자와 중성자가 들어 있으니
이 둘의 수를 합한 만큼이 원자 질량에 해당하는 것이고요. 결
국 다음과 같은 식이 성립합니다.

원자 = 원자핵 + 전자

원자핵 = 양성자 + 중성자

원자의 질량수 = 양성자 수 + 중성자 수

원자는 속 빈 강정?

원자핵이나 전자에 비하면 원자는 정말 크답니다. 물론 원
자의 실제 크기는 현미경으로 볼 수 없습니다. 현미경으로
보이려면 적어도 지름이 $\dfrac{1}{100,000}$ cm는 되어야 하지요. 보통
의 현미경보다 배율이 훨씬 높은 광학 현미경이나 전자 현미
경으로도 원자를 볼 수 없답니다.

그렇게 작은 원자에 비해 원자핵은 또 얼마나 작은지요. 원
자핵은 원자의 $\dfrac{1}{100,000}$ 정도 크기랍니다. 이 작은 원자핵에
원자의 질량이 대부분 집중되어 있고요. 그리고 전자는 원자
핵 주변에서 자리를 옮겨 다니고 있습니다.

만약 원자핵을 지름 0.1mm의 공이라고 생각하면 원자는
지름이 10m인 공에 비유할 수 있답니다. 전자는 크기가 무

시되고 전하만 인정받을 정도로 작으니, 사실 원자의 대부분은 텅 빈 공간이라고 해도 크게 틀리지 않습니다.

내가 아는 수 중 가장 큰 수는?

원자의 세계에 들어오면 궁금한 것이 많습니다. 우리의 몸을 이루고 있는 원자의 수는 얼마나 될까요? 세상에서 가장 작은 원자는 무엇일까요? 그렇게 작은 원자들을 어떻게 헤아릴까요? 이런 많은 궁금증을 한꺼번에 풀 수는 없겠지요. 차근차근 이야기하다 보면 궁금한 것이 하나씩 풀릴 것으로 생각합니다.

나는 얼마나 큰 수를 알고 있나?

여러분이 아는 수 중에서 가장 큰 수는 무엇인지 생각해 보세요. 우선, 크다고 하면 어느 정도 큰 것을 말할까요? 부모님이 주신 용돈 1만 원도 큰 수이고, 한국의 인구 4,500만 명도 큰 수입니다. 지구에서 태양까지의 거리 1억 5,000만 km는 그보다 더 큰 수이고, 세계의 인구 60억은 그보다 더욱더 큰 수이지요.

그런데 원자의 세계에서는 이 수들과 비교되지 않을 만큼 큰 수가 등장합니다. 뭐냐고요? 바로 아보가드로 수라는 것입니다.

원자가 만드는 나노 세계

우리 주변의 모든 물질은 원자라고 하는 작은 알맹이로 만들어져 있으며, 원자의 크기는 $\frac{1}{100,000,000}$ cm 정도로 작아서 손으로 만질 수도, 눈으로 볼 수도 없다고 했습니다.

그러면 원자 중에서 가장 작은 수소 원자를 몇 개 정도 모으면 전체 질량이 1g이 될까요? 무려 6조 개의 1,000억 배를 모아야 한답니다. 물론 이렇게 작은 수소 원자는 성능 좋은 현미경으로도 볼 수 없어요. 최근에 와서야 주사 터널 현미경이라는 첨단 장비가 개발되어 고체 표면에 있는 원자 모양을 희미하게나마 볼 수 있게 되었을 뿐이랍니다.

좀 더 자세하게 이야기하면, 원자 중에서 가장 크기가 작은 수소 원자의 지름은 0.1nm에 지나지 않습니다. '나노미터'는 1m를 10억 조각으로 나눈 길이를 말합니다. 그러니까 수소 원자 10억 개를 한 줄로 세워 놓으면 그 길이가 겨우 10cm가 된다는 뜻이지요. 그래도 느낌이 오지 않나요?

그러면 원자 1개와 눈금자의 1mm 길이를 비교해 보지요.

만약 원자 1개의 지름을 아주 얇은 종이 한 장의 두께라고 한다면, 눈금자의 1mm는 63빌딩의 높이와 비슷할 정도의 비율이랍니다. 그래도 짐작하기 어렵다고요?

그렇다면 한 변의 길이가 대략 1cm 정도인 각설탕 덩어리를 생각해 보세요. 그 속에 수소 원자를 꽉 채워 넣으면 수소 원자의 수는 무려 1조 개의 1조(10^{24}) 배에 해당한답니다. 그런데 더욱 놀라운 사실은 그런 각설탕 덩어리의 질량이 겨우 1g 남짓이라는 것입니다. 그러니까 원자는 작기만 한 것이 아니라 놀라울 정도로 가볍기도 한 셈이지요.

볼 수도 없고, 헤아릴 수도 없으니

원자는 너무나 작아서 우리 눈으로 직접 볼 수도 없고, 손으로 헤아릴 수도 없답니다. 그렇기 때문에 바둑알을 세듯이 '개'라는 단위로는 원자의 수를 도저히 헤아릴 수가 없습니다. '몰(mol)'이라는 특별한 단위를 사용해야 하지요. 1mol은 6조 개의 1,000억(6×10^{23}) 배에 해당하는 엄청난 수를 뜻합니다. 그 수를 '아보가드로 수'라고 부르는데, 그 정도는 모여야 비로소 우리가 원자의 존재를 알아볼 수 있답니다. 이제 아보가드로 수는 여러분이 아는 가장 큰 수가 되었지요.

아보가드로 수 : $6 \times 10^{23} = 600,000,000,000,000,000,000,000$

과학자의 비밀노트

몰(mol)

1몰은 정확하게 질량수가 12인 탄소 12.00g 속에 포함되어 있는 탄소 원자 수과 같은 개수를 포함하는 물질의 양으로 정의한다. 즉, 12.00g 속에 포함되어 있는 ^{12}C의 원자 수는 6.02×10^{23}개이고 이 수를 '아보가드로 수'라고 정의하며, 몰(mol)이란 어떤 입자를 아보가드로 수만큼 포함하고 있을 때 나타내는 물질의 양이다.

선생님, 오늘 원자에 대해서 가르쳐 주신다면서 왜 야구장에 오신 거죠?

여기가 원자에 대해 쉽게 설명해 줄 수 있는 곳이기 때문이에요.

보통 현미경으로 볼 수 있는 것은 1만 분의 1cm정도인데, 원자는 매우 작아서 현미경으로도 볼 수 없답니다. 그래서 설명하기가 쉽지 않지요.

그렇게 작은 원자가 모여 이런 딱딱한 물건이 되려면 원자는 속이 꽉 차 있어야겠네요?

아니에요. 원자는 속 빈 강정처럼 되어 있답니다.

정말이요?

원자 속에는 (+)전기를 띤 원자핵과 그 주위에 (−)전기를 띤 전자들이 구름처럼 퍼져 있답니다. 원자핵은 원자의 질량 대부분을 차지하지요.

그럼, 원자핵은 원자의 크기의 대부분이겠네요?

원자핵

아니요. 원자핵을 지름이 7cm인 이 야구공으로 생각하면 원자의 지름은 700m인 야구장 정도의 크기랍니다.

정말요? 그럼 전자는 어느 정도 크기인가요?

전자의 크기는 무시할 수 있는 정도로 작은데, 대략 잠실 야구장만 한 원자 속에 야구공 크기의 원자핵이 있다면 개미 크기의 전자들이 관중석 사이를 끊임없이 왔다갔다하는 거라고 볼 수 있어요.

아하! 그래서 속 빈 강정이라고 하셨군요.

4

원소들도 가족이 있어요

한 가족인 식구들은 서로 닮은 점이 많지요.
원소 가족들도 그렇답니다.
그러면 원소 가족에 대해 알아볼까요?

네 번째 수업

원소들도
가족이 있어요

돌턴이 '유유상종'이라는
말을 언급하며
네 번째 수업을 시작했다.

원소들도 가족이 있어요

'유유상종'이라는 말을 들어 봤나요? 이 말은 '끼리끼리 모인다'라는 뜻이지요. 무슨 말이냐 하면, 비슷한 성질을 가진 사람끼리 서로 잘 어울리며 친하다는 말이지요.

여러분도 친구 중에 아주 친한 친구도 있고 별로 친하지 않은 친구도 있지요? 잘 생각해 보면 친한 친구는 내 마음을 잘 알아주고, 좋아하는 것도 나와 비슷한 경우가 많습니다. 별로 친하지 않은 친구는 어쩐지 마음이 잘 통하지 않고, 좋아하는 것도 나와 다른 경우가 많고요.

원자의 세계에서도 마찬가지랍니다. 지금까지 발견된 110여 종의 원소들은 서로 비슷한 성질을 가진 원소들끼리 묶을 수 있답니다. 하나로 묶인 원소들은 한 가족처럼 서로 비슷한 성질을 가집니다. 그러니까 원소들도 가족이 있는 셈이지요. 자연계에는 이런 원소 가족이 모두 18개 있습니다.

원소 가족들의 이름

원소 가족 중에는 '아주 게으르다'는 이름을 가진 가족도 있고, '반응을 매우 잘한다'는 이름을 가진 가족도 있습니다. 또 알칼리성을 가진 금속 원소 가족과 지구 토양에서 많이 발견되는 원소 가족도 있습니다.

그러나 18개의 원소 가족이 모두 뜻을 가진 이름이 있는 것은 아니랍니다. 개성 있는 사람에게 별명이 붙여지듯이, 특별한 성질을 뚜렷이 보이는 원소 가족에게만 별명을 붙여 준 것이지요. 말하자면 17족 원소 가족의 별명은 할로겐*이고, 18족 원소 가족의 별명은 비활성*이랍니다. 물론 별명이 없는 원소 가족들은 그냥 숫자만 붙여 부르면 되지요.

---

* 할로겐(hallogen)이란 염을 잘 만든다, 즉 반응을 매우 잘한다는 뜻.
* 비활성(inert)이란 게으르다, 즉 반응을 잘하지 않는다는 뜻.

원소들의 족보

원소 가족을 한눈에 볼 수 있게 만들어 놓은 표를 주기율표라고 합니다. 원소들의 족보인 셈이지요. 한국에서는 가문의 족보를 보고 그 집안의 배경을 훤히 알 수 있는 것처럼, 원소들의 족보인 주기율표를 보면 원소들의 성질과 원자 세계의 질서를 알 수 있습니다.

원자 세계의 질서를 주기율이라고 부르는데, 주기율은 1800년대 초부터 거의 100년에 걸쳐 몇몇 화학자들이 당시까지 발견된 원소들을 여러 방법으로 분류해 보고 알아낸 것이랍니다. 한 가지 예를 들면, 1863년 영국의 화학자 뉴랜즈(John Newlands, 1837 ~1898)는 원소를 원자량 순서로 번호를 붙여 배열하면 아주 비슷한 성질의 것이 여덟 번째마다 반복해서 나오므로 이것에 의해 원소를 분류할 수 있다고 생각하였습니다. 그리고 이 관계가 음악의 8도 음계와 닮았기 때문에 음계율, 즉 옥타브 법칙이라고 불렀습니다.

주기율의 아버지

많은 화학자들이 주기율을 발견하는 데 기여했지만, 그 공로를 가장 크게 인정받은 사람은 러시아의 화학자 멘델레예프(Dmitrii Mendeleev, 1834~1907)이지요. 1869년에 멘델레예프는 '원자량의 크기에 따라 배열된 원소는 그 성질이 주기적으로 변화한다'는 사실을 발견했습니다. 그는 이것을 주기율이라고 부르고 당시 알려진 63원소를 분류하여 최초의 근대적인 주기율표를 만들었지요.

그 후 1913년에 영국의 물리학자 모즐리(Henry Moseley, 1887~1915)는 원자의 성질에서 중요한 것은 원자량이 아니라 원자 번호라는 사실을 밝혔습니다. 그리고 모즐리는 원자 번호 순서로 배열된 주기율표를 최초로 만들었지요. 모즐리에 의해 만들어진 주기율표에서도 완전히 밝혀지지 않은 부분이 있었는데, 나중에 양자 역학의 발전으로 원자 구조가 명백해지면서 현대의 주기율표가 완성되었습니다.

원소와 원자는 서로 사촌?

원소와 원자는 이름이 비슷합니다. 혹시 사촌이 아니냐고요? 아닙니다. 그러면 어떤 경우에 원소라는 말을 사용하고, 어떤 경우에 원자라는 말을 사용하는지 알아보기로 합시다.

원자란 무엇일까?

사탕을 쪼개고 또 쪼개면 결국 그 사탕을 이루는 그 어떤 입자를 만나게 된다고 했지요. 즉 물질을 쪼개고 또 쪼개면 더 이상 쪼갤 수 없는 입자에 도달하게 되는데, 이것을 원자라고 합니다. 원자에 대한 이런 설명은 17세기 보일의 원소에 대한 생각과 크게 다르지는 않습니다. '물질을 물리적인 방법과 화학적인 방법으로 분리하면 더 이상 분리될 수 없는 것에 도달한다. 이것을 원소라고 한다'는 원소의 개념은 보일의 생각에서 시작된 것이니까요.

물질, 즉 분자는 몇 개의 원자로 구성되어 있습니다. 원자의 종류는 분자의 종류만큼 많지 않지만 원자의 조합으로 많은 종류의 분자가 만들어지지요. 그리고 이 원자는 겨우 세 종류의 입자로 이루어져 있습니다. 세 종류의 입자는 바로 양성자, 중성자, 그리고 전자를 가리키지요. 전자는 (−)전기를 띠고, 중성자는 전기를 띠지 않고 양성자는 (+)전기를 띠는 소립자입니다. 양성자와 중성자가 핵력에 의해 뭉쳐 원자핵을 이루고 그 주변을 전자가 돌아다니는 것이 원자의 기본적인 모습이지요.

양성자 수가 바로 원소의 종류

원자 속의 전자는 상황에 따라 원자에서 떠나가기도 하고 다른 원자로부터 들어오기도 합니다. 그러나 핵반응을 제외한 보통의 경우, 원자 속의 원자핵에 들어 있는 양성자는 원자를 떠나거나 다른 곳으로부터 들어오는 일이 절대로 일어나지 않습니다. 그래서 양성자의 수로 원자의 종류를 결정합니다.

그리고 각 원자가 가지고 있는 양성자의 수를 원자 번호라고 정했지요. 원자 번호가 같은 원자들은 같은 원소이고, 원자 번호가 다른 원자들은 서로 다른 원소입니다.

이렇게 원소와 원자는 이름이 비슷하지만 사촌이 아니랍니다. 그러니까 원소란 원자 번호로 구별한 원자의 종류이며, 원자 번호가 같은 수많은 원자를 통틀어 원소라고 한답니다.

원자에는 진짜 사촌이 있다

원자에는 진짜 사촌이 있습니다. 세상에서 가장 작은 수소 원자의 사촌들을 소개해 보지요. 전자 1개와 양성자 1개로 이루어진 입자를 수소 원자라고 합니다. 그리고 전자 1개, 양성자 1개, 중성자도 1개 들어 있는 입자를 중수소 원자라고 합니다. 전자 1개, 양성자 1개, 중성자 2개인 입자는 삼중수소 원자라고 하지요.

수소, 중수소, 삼중수소는 원자 번호가 같은 사촌들이랍니다. 화학에서는 이 사촌들을 동위 원소라고 하지요. 동위 원소들은 화학적인 성질이 비슷하고 물리적인 성질이 서로 다릅니다. 즉, 중성자의 수가 달라서 질량은 서로 다르지만 화학적으로 반응하는 성질은 비슷하답니다.

수소 이외에도 많은 원자들이 사촌을 가지고 있습니다. 예를 더 들어 보면, 산소 원자도 사촌 형제를 가지고 있지요. 산소 16(^{16}O), 산소 17(^{17}O), 산소 18(^{18}O)들이 바로 그것입니다. 탄소 원자도 탄소 12(^{12}C), 탄소 13(^{13}C)이라는 동위 원소가 있습니다.

산소 16(^{16}O)   산소 17(^{17}O)   산소 18(^{18}O)

사촌 원자들의 원자량

아무리 작은 원자라 해도 질량을 가지고 있습니다. 원자를 이루는 양성자, 중성자가 질량을 가지고 있으니까요. 그런데 사촌 원자들, 즉 동위 원소가 많은 경우에는 원자량이 어떻게 정해질까요?

원자설을 발표한 나는 수소를 1로 정하고 각 원소의 원자량을 구했습니다. 나의 시절의 원자량은 정수였습니다. 그 후 산소의 원자량을 16으로 정하고 많은 원소의 원자량이 측정되었습니다. 그런데 동위 원소가 발견되고 사정이 달라졌답니다. 사촌 원자 간에 질량이 조금씩 다르기 때문이지요.

산소에는 산소 16(^{16}O), 산소 17(^{17}O), 산소 18(^{18}O)의 세 가지 동위 원소가 있습니다. 동위 원소란 원자 번호가 같으면서 원자의 질량이 다른 원소를 가리킵니다. 각각의 원자를 구성하는 양성자의 수는 서로 같으나, 중성자의 수는 서로 다른 것이지요. 그래서 중성자의 수만큼 원자의 질량이 차이나게 됩니다.

산소에서 탄소로 기준을 바꾸고
산소의 동위 원소가 발견된 후, 산소 ^{16}O의 질량을 16으로 정하고 질량 분석기에 의해 다른 원자의 질량을 측정하게 되었다고 했지요. 그 후 1960년대에 와서는 탄소 12(^{12}C)를 새로운 기준으로 정하고 각 원자들의 질량을 측정했습니다. 물론 지금까지 이야기한 원자의 질량은 질량 분석기를 사용하여 구한 각 원자 질량의 상대적인 비를 가리킵니다.

그러면 동위 원소가 존재하는 원자의 경우에는 어떻게 할까요? 예를 들면, 산소의 경우 3종류의 동위 원소가 있으며 그것들의 혼합 비율은 어디서도 거의 같습니다. 이 비율을 동위 원소의 존재 비율이라고 합니다. 산소의 동위 원소의 원자 질량과 존재 비율은 다음과 같습니다.

동위 원소	원자 질량	존재 비율(%)
^{16}O	15.9949150	99.759
^{17}O	16.9991333	0.037
^{18}O	17.9991599	0.204
평균 원자량	15.9993752	

동위 원소들의 존재 비율에 의한 원자 질량의 평균을 원자량이라고 하지요. 따라서 산소의 원자량은 15.9993752라고 할 수 있습니다. 물론 오래전부터 산소 16으로 정하여 사용해 왔던 단위와 약 0.0006의 차이가 나지만, 그렇게 큰 차이

가 나는 것은 아니랍니다. 그러니까 다른 원자들도 산소를 기준으로 했을 때와 탄소를 기준으로 했을 때 거의 차이가 나지 않는답니다.

동위 원소의 존재 비율은 불변

동위 원소가 발견되기 이전에는 주기율표의 1칸에 1종류의 원자가 들어간다고 생각했습니다. 그런데 동위 원소가 발견되고 나서 주기율표의 1칸에 여러 종류의 원자가 들어간다는 사실을 알게 된 것이지요. 그런데 사람들이 궁금하게 생각한 것은 동위 원소들의 존재 비율이 때와 장소에 따라 변하지 않을까 하는 것이었습니다. 그렇게 되면 평균 원자량이 때와 장소에 따라 변하게 되는 셈이니까요.

질량 분석기에 의해 모든 원소에 대한 동위 원소의 존재가 조사되고 그 존재 비율이 구해졌습니다. 또, 한 원소에 대해 장소에 따라 화학 상태의 차이에 의한 동위 원소의 존재 비율이 달라지지 않는지도 조사되었지요.

많은 측정을 한 결과, 거의 모든 동위 원소의 존재 비율은 거의 변하지 않는다는 것이 밝혀졌습니다. 예외적으로 존재 비율이 달라지는 것은 우라늄, 토륨 같은 천연 방사성 원소에서 찾아볼 수 있습니다. 우라늄, 토륨은 붕괴하여 납의 동위 원소가 됩니다. 그래서 납 동위 원소의 존재 비율이 변하게 된답니다. 이것은 원자가 붕괴되어 생기는 현상이지요.

원소의 기원은 우주 창조로부터

방사성 원소 때문에 생기는 예외의 경우는 있지만, 우리가 접하는 물질에서 동위 원소의 존재 비율이 거의 변하지 않고 일정하다는 것은 어떤 의미를 가질까요? 우선, 각 원소의 평균 원자량을 한 번 구해 놓고 계속 사용해도 되니까 화학 연구에 아주 편리하다는 것이지요. 그리고 더 의미 있는 것은 존재 비율이 바로 원소의 기원과 관련된다는 점입니다.

원소의 기원, 즉 원자가 언제 어디서 어떻게 만들어졌는가에 대한 물음은 우주 창조에서 그 답을 찾을 수 있습니다. 150억 년 전의 빅뱅(대폭발)에서 시작하여 별이 진화되는 과정에서 원소들이 만들어졌기 때문에 현재는 언제 어디서나 동위 원소들의 존재 비율이 거의 일정하답니다.

만화로 본문 읽기

안녕하세요. 선생님!

네, 옆에 있는 학생은 동생인가요?

어떻게 아셨어요?

둘이 매우 닮았네요. 마치 원소들처럼요.

원소요?

원자들의 종류를 원소라고 하는데, 비슷한 성질을 가진 원소끼리는 묶을 수 있답니다. 하나로 묶인 원소들은 한 가족처럼 서로 비슷한 성질을 지니는데, 이런 가족이 모두 18가족이나 있답니다.

저와 동생처럼요?

가족이라면 보통 족보가 있잖아요. 그럼 원소에도 족보가 있나요?

원소에 족보가 어디 있니?

원소들도 족보가 있습니다. 원소들의 족보를 주기율표라고 해요. 족보를 보면 그 집안의 배경을 훤히 알 수 있는 것처럼, 주기율표를 보면 원소들의 성질을 알 수 있어요.

그것 봐. 원소의 족보가 있잖아!

주기율표상의 원소들의 성질은 질서를 가지는데, 이 질서를 주기율이라고 해요. 주기율은 1800년대 초부터 거의 100년에 걸쳐 화학자들이 당시까지 발견한 원소들을 여러 방법으로 분류해 보고 알아낸 것이랍니다.

5

분자들은 **달리기** 선수

원자들이 결합하면 분자가 만들어집니다.
분자는 아주 많은 수로 존재하며, 잠시도 가만히 있지 않고 움직이지요.

5

분자들은 달리기 선수

돌턴이 지난 시간에 배운
내용을 복습하며
다섯 번째 수업을 시작했다.

분자들은 달리기 선수

원자의 크기가 아주 작다는 것을 알겠지요? 그런데 원자들의 화학 결합으로 만들어지는 분자 역시 그 크기가 nm 정도로 엄청나게 작습니다. 우리가 마시는 물 한 컵(180mL)에는 무려 60조의 1,000억 배나 되는 물 분자가 들어 있습니다. 그리고 사람이 한 번 호흡할 때 내쉬는 공기의 양은 500mL 정도인데, 그 속에는 약 1조의 1,000억 배나 되는 기체 분자가 들어 있습니다. 엄청나게 많지요.

분자의 수가 그렇게 많다면 분자들이 제멋대로 움직이는 것은 너무나 당연한 일이겠지요. 분자들의 세상은 바로 쉬는 시간의 교실과 닮았답니다. 쉬는 시간이 되면 어떤 친구는 자리에 조용히 앉아 있지만, 어떤 친구는 교실에서 마구 뛰어다니기도 하지요. 분자들도 마찬가지랍니다. 뛰어다니기도 하고, 빙글빙글 돌기도 하고, 마구 진동하기도 하지요.

평등한 분자 세계

움직이는 기체 분자들은 25℃에서 1초에 50억 번 이상 다른 기체 분자들과 부딪치게 됩니다. 정말 아플 정도로 세게 정면 충돌을 하면 빠르게 움직이던 분자는 운동 에너지를 모두 잃어버려 제자리에 서 버리기도 하고, 느리게 움직이던 분자는 에너지를 얻어 쏜살같이 달리기도 합니다.

이렇게 겉으로는 마구 움직이는 것처럼 보이는 분자들의 세계에도 규칙이 있습니다. 즉, 분자들은 충돌을 통해서 에너지를 주고받으면서 볼츠만 분포라고 하는 것을 만들어 낸답니다. 마치 우리가 시험을 보면 높은 점수를 받는 친구가 있는가 하면 낮은 점수를 받는 친구도 있는 것과 비슷하지요. 분자의 세계에서는 상위 20%에 들어가는 분자들이 총 에너지의 40%를 가지고 있고, 하위 20%에 들어가는 분자들은

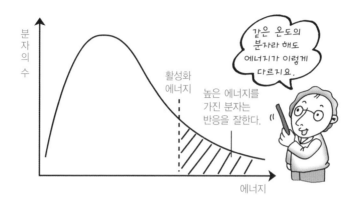

분자들의 에너지 분포 곡선

겨우 4%의 에너지를 가지고 있습니다.

언뜻 생각하면 이런 에너지 분포가 불평등해 보이지만, 알고 보면 평등한 분자의 세계랍니다. 왜냐하면 분자들은 충돌할 때마다 에너지를 서로 주고받기 때문이지요. 그러니까 영원히 높은 에너지를 가진 분자도 없고 영원히 낮은 에너지를 가진 분자도 없는 것이지요.

다시 말하면, 어느 한 순간의 분포를 보면 높은 에너지를 가진 분자와 낮은 에너지를 가진 분자로 나누어져 불평등해 보이지만, 오랜 시간을 두고 지켜보면 충돌이라는 상호 작용을 통해 모두가 평균적인 에너지를 갖게 되는 셈입니다. 이 에너지를 분자의 운동 에너지라고 한답니다.

온도가 올라가면 바빠지는 분자들

방바닥이 뜨거우면 우리는 가만히 앉아 있지 못하게 됩니다. 어느 한 부위만 집중적으로 열을 받아 온도가 올라가면 이리저리 몸을 움직이면서 열에너지를 발산합니다. 기체 분자들도 온도가 올라가면 더 활발하게, 즉 더 빨리 움직이게 된답니다.

가만히 있지 못하고 항상 움직이기를 좋아하는 기체 분자들이 가지는 분자의 운동 에너지에도 평균값이 있습니다. 빨리 움직이는 분자, 느리게 움직이는 분자들의 운동 에너지를 평균한 것이지요. 학급에서 본 시험 성적을 평균 내는 것과 비슷합니다.

그런데 절대 온도 0도(섭씨 영하 273도, 즉 −273℃)에서는 모든 분자들이 꼼짝도 못하고 붙잡혀 있어야 합니다. 그 어떤 분자도 움직이지 못하고 그 자리에 가만히 있는 것이지요. 그리고 온도가 올라가면 분자들이 조금씩 움직이면서 분자들의 평균 운동 에너지도 함께 커집니다. 이때 절대 온도가 2배로 높아지면 분자들의 평균 운동 에너지도 2배로 커지게 됩니다.

세상에서 가장 빨리 달리는 분자

같은 온도에 있는 서로 다른 종류의 분자 사이에는 어떤 차이가 있을까요? 분자들이 움직이면서 갖게 되는 에너지는 온도에만 상관이 있으므로, 같은 온도에서는 분자의 종류에 상관없이 평균 운동 에너지가 같습니다. 그러니까 무거운 분자든지, 가벼운 분자든지 간에 온도만 같으면 그 평균 운동 에너지가 같다는 것이지요. 따라서 가벼운 분자는 더 열심히 빨리 움직이고, 무거운 분자는 더 느리게 움직입니다.

세상에서 가장 가벼운 분자는 바로 수소입니다. 그러니까 온도가 같다면 수소 분자가 세상에서 가장 빠르게 움직이는 분자입니다. 수소 분자의 속력은 어느 정도일까요? 25℃에서 수소 분자는 평균 초속 1,770m 정도의 속력으로 날아다닙니다. 만약 수소를 자동차라고 한다면, 시속 6,000km가 넘는 속력의 자동차에 해당한답니다. 그야말로 무시무시한 속력이 지요. 물론 온도가 높아지면 분자는 더 빨리 움직이지요.

가벼우면 빨리, 무거우면 느리게

수소 분자보다 16배 정도 무거운 산소 분자는 25℃에서 평균 초속 442m 정도의 속력으로 움직입니다. 수소 분자보다 무거운 산소 분자는 수소 분자보다 천천히 움직이지요. 여기서 재미있는 것은 분자의 질량이 16배 커지면 분자의 평균 속력은 $\frac{1}{4}$로 줄어든다는 것입니다. 수소 분자보다 4배 무거운 분자라면 평균 속력이 $\frac{1}{2}$로 줄어들지요. 그러니까 분자량과 평균 속력 사이에는 일정한 관계가 있습니다.

수소 분자   산소 분자

	수소		산소
질량비	2	:	32
속력비	4	:	1

그러면 공기의 경우는 어떨까요? 공기는 여러 종류의 기체 분자가 섞여 있는 혼합 기체인데, 그중에 질소 기체가 78% 정도, 산소 기체가 21% 정도 들어 있습니다. 그리고 아르곤 기체가 약 0.9%를 차지하고, 그 외 이산화탄소, 네온, 헬륨 등이 섞여 있습니다. 공기의 분자량은 여러 기체들의 분자량을 평균한 값으로, 수소 분자보다 14.4배 무겁습니다. 그렇다면 공기 분자는 수소 분자보다는 느리고 산소 분자보다는 빠르게 움직일 것이라고 짐작할 수 있지요.

작아도 매운 분자

바람이 불지 않아도 겨울철의 공기는 살갗을 에는 것처럼 시리게 느껴집니다. 물론 기온이 낮기 때문이지요. 기체 분자들의 크기는 $\dfrac{3}{100,000,000}$cm, 즉 0.3nm 정도로 매우 작지만, 우리 몸은 그 작은 기체가 피부에 와서 닿는 것을 느낀답니다.

이렇게 작은 분자들은 공중에서 대단히 바쁘게 돌아다닙니다. 25℃에서 공기 분자들의 평균 속도는 초속 460m 정도나 됩니다. 이것은 시속 1,400km가 넘는 엄청난 속도이지요.

이렇게 빠른 속도로 돌아다니는 공기 분자들은 서로 부딪치는 일도 많습니다. 그래서 공기 분자들은 1초에 50억 회 정도 충돌한다고 합니다.

나누어 주는 것이 자연의 이치

공기 분자들은 에너지를 가지고 있어서 이렇게 바삐 움직인답니다. 온도는 기체 분자들이 가지고 있는 평균 운동 에너지를 나타내지요. 모든 분자들이 에너지를 잃고 움직이지 못하는 온도를 절대 온도 0도라고 약속을 정했지요.

공기 속의 분자는 벽이나 다른 분자와 충돌하면서 서로 에너지를 교환합니다. 충돌이 일어나면 에너지를 많이 가지고 있던 분자가 에너지를 적게 가지고 있는 분자에게 에너지를 나누어 줍니다. 즉, 에너지를 많이 가지고 있는 분자가 손해를 보면서 공평하게 서로 에너지를 나누어 갖는 것이 분자 세계의 일반적인 원칙이지요.

실내 공기가 더울 때 창문을 열어 차가운 공기를 넣어 주면 실내 온도가 내려갑니다. 즉, 뜨거운 공기 속에 차가운 공기를 불어 넣으면 온도가 내려가게 되는데, 이것은 바로 에너지를 많이 가진 분자가 에너지를 적게 가진 분자에게 에너지를 나누어 주면서 실내의 에너지가 감소했기 때문이지요.

작아도 매운 이유는 서로 뭉치기 때문

이제 그토록 작은 기체 분자가 피부에 닿는 것을 우리 몸이 어떻게 아는지 알아봅시다. 이것 역시 우리 피부에서 기체 분자와 에너지 교환이 일어나기 때문입니다. 온도가 낮은 공기 분자가 36~37℃인 우리 몸에 닿으면 공기의 분자가 살갗에서 에너지를 빼앗아 가므로 우리 몸은 차가움을 느끼게 되는 것이지요.

물론, 분자는 매우 작아서 분자 한 개가 우리 몸에 충돌하는 것을 느낄 수는 없습니다. 온도가 대단히 낮은 기체 분자라도 한두 개 정도라면 우리 몸이 차가움을 느낄 수 없다는 것이지요. 그러나 아보가드로 수(6×10^{23})라는 엄청난 양의 기체 분자가 계속 우리 살갗에 충돌하면서 에너지를 빼앗아 가면 살갗이 어는 것처럼 느껴지게 된답니다. 작지만 많은 수가 모이면 매운 분자가 되는 것이지요. 한 방울의 물이라도 긴 세월 동안 계속해서 떨어지면 바위를 뚫을 수 있는 것처럼 말입니다. 뭉치면 힘을 발휘할 수 있다는 사실은 분자의 세계에서나 사람의 세계에서나 마찬가지랍니다.

아이들이 하도 뛰어다녀서 정신이 없네요. 마치 분자들 같아요.

분자들요?

움직이는 기체 분자들은 25℃에서 1초에 50억 번 이상 다른 기체 분자들과 부딪칩니다.

그렇게 많이요?

오, 아프겠네요.

분자도 저렇게 충돌하나요?

그렇지요. 빠르게 움직이던 분자가 정면으로 충돌하게 되면 운동 에너지를 모두 잃어버려 제자리에 서 버리기도 하고, 느리게 움직이던 분자는 에너지를 얻어 쏜살같이 달리기도 합니다.

그럼, 분자들은 정말 무질서하게 움직이겠네요?

아닙니다. 분자도 나름 규칙을 가지고 움직여요. 그게 바로 볼츠만 분포예요.

분자의 세계에서는 상위 20%에 들어가는 분자들이 총 에너지의 40%를 가지고 움직이고, 하위 20%에 들어가는 분자들은 4%의 에너지를 가지고 움직인답니다.

아, 한 반에서도 공부 잘하는 애들과 못하는 애들이 있는 것과 같은 거네요.

6

팔방미인 전자

전자는 만능 재주꾼입니다.
우리 주변에서 전자가 하는 일에 대해 알아봅시다.

여섯 번째 수업
팔방미인 전자

돌턴은 만능 재주꾼 전자에 대하여
여섯 번째 수업을 시작했다.

만능 재주꾼 전자

(−)전기를 가진 전자는 크기를 짐작하기 어려울 만큼 작지만 정말 많은 재주를 가지고 있습니다. 전자는 정해진 원자에만 붙어 있는 것이 아니라 근처에 있는 다른 원자로 옮겨 가기도 하면서 정말 다양한 일을 하는 능력을 가지고 있지요.

유리 막대로 털 조각을 문지르면 마찰 전기가 발생하게 됩니다. 그런 현상도 전자가 한 원자에서 다른 원자로 옮겨 가기 때문이지요. 금속처럼 전기를 잘 통하는 도체에 전류가 흐르는 것도 전자들이 무리를 이루어 같은 방향으로 움직이기 때문에 나타나는 현상이랍니다.

그리고 진공으로 만든 유리관 속에 전자를 빠른 속도로 쏘아 보내면 TV나 컴퓨터 모니터로 사용하는 음극선관이 된답니다. 밤거리를 화려하게 장식하는 네온사인도 전자를 이용해서 같은 원리로 만든 장치랍니다.

원자 속의 전자가 원자 바깥으로

사실 전자는 원자 속에 꽁꽁 숨어 있기 때문에 사람들은 좀처럼 전자를 발견할 수 없었습니다. 그런데 영국의 크룩스(William Crookes, 1832~1919)라는 과학자가 길쭉한 유리관을 가지고 실험한 후부터 전자의 존재가 서서히 밝혀지게 되었지요.

크룩스는 길쭉한 유리관의 안쪽에 금속 전극을 매달고 높은 전압을 걸어 주었더니, 유리관 속에서 황백색의 빛이 발생하는 것을 관찰했답니다. 크룩스는 이 빛을 만들어 내는 주인공의 존재를 확실하게 설명하지 못했지만, 음극으로부터 무엇이 나와서 양극 쪽으로 이동하고 있다는 사실은 알게 되었지요. 그리고 음극에서 나오는 빛이라는 뜻으로 '음극선'이라는 이름을 붙였습니다.

그리고 이 음극선의 정체는 몇 년 후 톰슨에 의해 밝혀지게 됩니다. 그것이 바로 '전자'였답니다. 톰슨은 음극선의 정체가 원자의 구성 요소인 음전하를 띤 입자라는 사실을 밝히고, 이 입자를 '톰슨 입자'라고 불렀답니다. 아직 전자라는 이름은 얻지 못했지만 전자의 존재가 최초로 알려지는 순간이었지요. 물질을 구성하는 원자, 그 원자 속에 있는 전자가 원자 바깥으로 뛰쳐나오면서 자신의 존재를 드러내놓은 것이지요. '전자'라는 이름은 그 후에 네덜란드의 로렌츠(Hendrik Lorentz, 1853~1928)라는 과학자에 의해 붙여졌습니다.

톰슨의 음극선 장치

형광등과 전자

크룩스의 실험은 오늘날 여러 곳에서 응용되고 있습니다. 그 한 예가 바로 형광등이지요. 형광등은 길쭉한 진공의 유리관에 아주 적은 양의 수은 기체와 아르곤 기체를 넣고 관의 안쪽에는 형광 물질을 발라 놓은 것입니다. 그리고 유리관 양끝에 매단 금속 전극에 전압을 걸어 주면 금속의 음전극으로부터 양전극 쪽으로 이동하는 전자가 수은 및 아르곤 기체와 부딪치면서 우리 눈에 보이지 않는 자외선을 만들어 냅니다.

이렇게 만들어진 자외선이 유리관 안벽에 발라 둔 형광 물질에 부딪치게 되면 우리 눈에 잘 보이는 가시광선이 나오게 된답니다. 그러니까 형광 물질을 발라 놓은 까닭은 우리 눈에 보이는 가시광선을 얻기 위해서이지요.

그런데 이것도 알고 있나요? 형광등이라고 하면 반응이 조금 느린 사람을 빗대는 표현으로 쓰기도 하지요. 형광등의 스위치를 누르고 불이 켜지기까지 0.1초에서 0.5초 정도의 시간이 걸리기 때문이지요.

사실, 형광등 안의 기체가 이온으로 바뀌어서 빛을 내기까지는 $\frac{1}{100,000,000}$ 초 정도의 시간밖에 걸리지 않는다고 하는데, 왜 불빛은 0.5초 뒤에 켜질까요? 그 이유는 220V 정도의 전압으로는 형광등을 밝힐 수가 없어서 더 높은 전압을 만들어 내는 장치를 가동시켜야 하기 때문입니다. 형광등 스위치를 누르면 유리관 뒤쪽에 깜빡깜빡하는 작은 램프가 바로 그런 장치입니다. 이 램프에서 220V의 전압을 300V 이상으로 올리는 데 0.5초 정도의 시간이 필요하답니다.

전류의 주인공도 전자

전자는 원래 원자나 분자로 구성된 물질 속에 살고 있으며, 공기 속이나 진공 속과 같은 공간으로는 쉽게 나오지 못한답니다. 그런데 물질을 아주 높은 온도로 가열하거나, 자외선과 같은 빛을 쪼이거나, 높은 전압을 걸어 주면 물질 속의 전자가 자유 공간으로 나올 수 있게 됩니다. 보통 물질 속에 들어 있는 전자들은 원자나 분자에 단단하게 묶여 있어서 마음대로 움직이지 못합니다.

그런데 금속에 들어 있는 전자들은 다르답니다. 금속의 전자들은 비교적 자유롭게 움직일 수 있기 때문에 '자유 전자'라는 별명을 가지고 있지요. 그렇다고 금속에 들어 있는 전자가 정말 자유롭게 움직일 수 있는 것은 아니랍니다.

예를 들면, 금속 도선에 있는 자유 전자는 도선의 양끝에 전압이 가해져야 비로소 도선 속에서 같은 방향으로 움직이게 됩니다. 이때 도선에 전류가 흐르게 되는 것이지요. 이 전류의 주인공도 바로 전자입니다. 만약 도선의 중간을 잘라 버리면 더 이상 전류가 흐르지 않게 되는데, 이것은 전자가 도선의 끝으로부터 자유 공간으로 튀어 나가지 못하기 때문입니다.

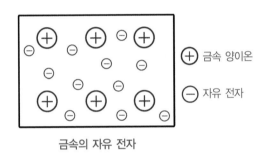

금속의 자유 전자

전기와 전자는 서로 다른 것일까요?

우리 주변에는 전기를 이용하는 물건들이 많이 있습니다. 우선 백열등, 형광등 같은 전구를 빼놓을 수 없지요. 전기 세탁기, 전기 냉장고, 전기 청소기도 있습니다. 그리고 아직 널리 보급되지 않았지만 미래형 전기 자동차도 있습니다. 참, 전기 재봉틀도 있지요. 그런데 전자 재봉틀도 있다고 하는군요. 그렇다면 전기는 전자와 다른 것일까요?

전기란 그리스 어로 호박

기원전 600년경, 그리스 사람들은 장식품으로 사용하던 호박*을 헝겊으로 문지르면 먼지나 실오라기 따위를 끌어당긴다는 것을 알게 되었습니다. 마찰 전기 현상이 일어난 것이지요. 그 후 호박 이외에 유리, 수정, 유황 등도 마찰시키면 역시 가벼운 물체를 끌어당긴다는 것을 발견했지만, 이런 현상을 일으키는 원인이 무엇인지 확실하게 알지는 못했습니다.

그래서 물질을 마찰시키면 호박화되어 서로 끌어당기는 힘이 생긴다고 생각하고, 이 현상의 원인을 전기라고 했습니다. 전기는 영어로 일렉트리시티(electricity)라고 하는데, 이것은 그리스 어의 일렉트론(elektron) 즉 호박을 의미하는 것입니다. 동양에서 발견한 마찰 전기의 좋은 예는 바로 번개입니다. 구름에 모인 마찰 전기가 일으키는 불꽃을 번개라고 하는데, 한자어인 전기(電氣)의 '전'은 번개를 뜻하는 뢰(雷)에서

---

* 호박 : 송진과 같은 침엽수의 점액이 오랜 기간 굳어져 만들어진 보석의 일종. 영화 〈쥐라기 공원〉에서 호박 속에 갇힌 곤충의 적혈구 세포로부터 DNA를 복제하여 공룡을 탄생시키는 기술이 소개되기도 함.

유래한 것입니다.

전자는 전기의 주인공

그 후, 전기의 정체를 모른 채 전기를 이용한 물건들이 많이 만들어졌습니다. 유명한 발명가 에디슨도 전기의 정체를 알지 못했지만 백열전구를 발명했지요. 나중에 알려진 사실이지만 전기 현상을 일으키는 주인공이 바로 전자(일렉트론, electron)랍니다.

1800년대 말, 톰슨은 여러 가지 실험 끝에 전기라는 것이 아주 작은 입자이며, 이 작은 입자가 빛도 만들고 열도 나게 한다는 것을 알아냈습니다. 나중에 로렌츠라는 물리학자에 의해 이 입자의 이름이 전자라고 붙여지게 되었고요. 전기는 바로 전자들이 일으키는 것이었답니다. 즉, 전기와 전자는 서로 다른 것이 아니라 전기 현상이 먼저 발견되고, 나중에 그 원인이 되는 전자가 발견된 것일 뿐이지요. 그러니까 전기 재봉틀이나 전자 재봉틀의 작동 원리는 같습니다. 하지만 '전자'라는 이름이 붙으면 더욱 최신의 제품이라는 느낌을 받게 되는군요.

과연 전기 제품은 구세대, 전자 제품은 신세대일까요? 아닙니다. 전기 다리미를 전자 다리미라고 해도 전기, 즉 전자의 흐름에서 생기는 열을 이용하는 기본적 원리는 같답니다.

전자 시대에서 가장 눈부신 활약을 하고 있는 컴퓨터는 어떨까요? 컴퓨터의 기능은 전기 신호에서 나온 것입니다. 즉, 컴퓨터에서는 숫자와 문자를 전기 신호의 조합으로 나타내는데, 이 신호를 하나의 선으로 계속 보내거나 몇 개의 선으로 동시에 보냅니다. 몇 개의 전기 신호 조합으로 문자와 10진수를 나타내는 약속을 코드라고 하며, 전기 신호를 받아 그 조합에 따라 정해진 출력 신호를 내는 요소를 논리 소자라고 하지요.

컴퓨터는 많은 논리 소자를 잘 결합하여, 명령을 해독하고 계산을 실행하도록 되어 있는 것이랍니다. 그러고 보니 컴퓨터 같은 전자 제품은 전기를 이용하기는 하지만 열이나 빛을 이용하는 다른 전기 제품과는 조금 다르군요. 컴퓨터는 전류의 흐름에서 얻어지는 열이나 빛을 이용하는 것이 아니라 전

전자 제품

나는 전자를 흐르게 하여 전기 신호 논리를 이용하지~

우리는 전자를 흐르게 하여 열과 빛을 이용하지~

전기 제품

기 신호, 즉 논리를 이용한다는 점에서 전자 제품이라고 부릅니다.

전류의 방향과 전자의 방향은 서로 반대

여기서 또 재미있는 것은 바로 전기, 즉 전류가 흐르는 방향입니다. 전자가 발견되기 이전에는 전류가 양극에서 음극으로 흐르는 것으로 정하고, 그렇게 사용해 왔습니다.

그런데 톰슨의 실험에서 전기, 즉 전자는 음극에서 양극으로 이동한다는 것을 알게 되었습니다. 전류는 양극에서 음극으로 흐른다고 했는데, 나중에 알고 보니 전자는 음극에서 양극으로 이동한다는 것을 알게 되었지요. 전자가 발견되기 이전까지 사용했던 전류의 방향과 전자가 발견된 이후 전자

의 이동 방향이 서로 반대가 되어 버렸습니다.

그러나 당시까지 많은 사람들이 알고 있었던 것을 그대로 사용하기로 했답니다. 즉 사람들이 혼란스러워할 것을 염려하여, 지금도 전류는 양극에서 음극으로 흐르고 전자는 음극에서 양극으로 이동한다고 말합니다. 우리가 자주 사용하는 건전지를 보면 (+)라고 표시되어 있는 곳이 양극이고, (−)라고 표시되어 있는 곳이 음극입니다. 건전지를 회로에 연결하면 양극에서 음극으로 전류가 흐른다고 말하지만, 전류란 사실 음극에서 양극으로 이동하는 전자들의 흐름을 가리키지요.

함께 움직이는 전자

금이나 구리 같은 금속에서는 전자들이 함께 모여서 촘촘하게 늘어서 있는 원자핵들을 집단적으로 결합시켜 줍니다. 보통의 분자에서와는 달리 전자들이 함께 여러 개의 원자핵을 묶어 주는 역할을 하는 것이지요. 이런 경우 금속의 양쪽에 전위의 차이가 생기도록 해 주면, (−)전기를 가진 전자들이 집단으로 전위가 높은 (+)쪽으로 옮겨 가게 됩니다. 이렇게 금속의 내부에서 전자들이 집단적으로 같은 방향으로 흘러가는 것을 전류라고 합니다. 이 전류는 우리 생활에 여러 가지 목적으로 유용하게 사용되지요.

전자가 무리 지어 가면서 하는 일

니크롬선과 같이 전기 저항이 큰 금속으로 만든 도선 속을 전자들이 이동하면서 많은 열이 발생하게 됩니다. 이런 열을 이용하는 장치를 전열기라고 하지요. 전열기의 열을 이용하면 실내 온도를 높여 따뜻하게 지낼 수도 있고, 라면을 끓일 수도 있지요.

또 다른 장치를 소개해 보지요. 텅스텐으로 만든 도선 속으로 전류가 흐르면 밝은 빛이 나옵니다. 이 밝은 빛을 이용하는 장치는 바로 백열전구이지요. 백열전구에서는 밝은 빛과 함께 아주 뜨거운 열도 발생한답니다. 그러니까 불 켜진 백

열전구를 만질 때는 아주 조심해야겠지요.

전자석이라는 장치에서도 전자가 무리 지어 움직이면서 일을 합니다. 전자석은 말 그대로 전기로 만든 자석이지요. 어떻게 만드느냐고요? 구리선을 둥글게 감아서 만든 코일을 적당히 배열한 후에 전류를 흘려 주면 시간에 따라서 진동하는 자기장이 만들어져서 코일 속에 있는 자석이 돌아가지요. 이것을 전자석이라고 하는데, 바로 전기 모터의 작동 원리입니다. 전기 모터는 전기 세탁기, 전기 자동차, 지하철, 발전소 등 아주 많은 곳의 핵심 부품으로 사용됩니다.

예쁜 네온사인, 재미있는 TV도 전자가 하는 일

밤거리를 수놓는 여러 가지 색의 네온사인, 정말 예쁘지요. 이것의 원리도 전자가 주인공입니다. 금속을 가열해서 나오는 전자들을 모아서 전극 사이를 지나가게 하면 전자들이 대단히 빠른 속도로 움직이는 '전자살'이 만들어진답니다. 이 전자살이 네온 기체가 들어 있는 유리관 속을 지나가면 아름다운 붉은색의 빛이 나오게 됩니다. 유리관 속에 있는 기체가 이온화하여 빛을 내는 것이지요.

이때 유리관 속의 기체의 종류에 따라 빛깔이 달라집니다. 즉 수은 기체를 채우면 청록색이 나오고, 아르곤 기체를 채우면 자주색이 나옵니다. 그리고 헬륨에서는 붉은색, 산소 기체에서는 오렌지색이 나온답니다. 기체들은 혼합하거나 색유리를 사용하면 더 다양한 색을 얻을 수 있겠지요.

즐겁고 유익한 정보를 주는 TV는 우리 생활에서 빼놓을 수 없는 필수품이지요. 이것 역시 전자가 없으면 안 되는 장치이지요. 전자살을 형광 물질이 칠해진 유리판에 부딪치게 만들면 밝은 빛이 나옵니다. 이때 전극과 자석을 이용해서 전자살의 방향을 일정한 속도로 이동시키면서 전자의 양을 조절하면 TV의 화면으로 사용되는 브라운관이 된답니다.

이처럼 금속이나 진공 속에서 같은 방향으로 무리 지어 흘러가는 전자들은 우리의 현대 생활을 즐겁고 편리하게 해 주는 많은 일을 하고 있습니다.

전자 시대가 열리면서 더욱 바빠진 전자

저항과 콘덴서, 그리고 작은 트랜지스터를 연결해서 만든 전기 회로 속으로 전류가 흐르면 라디오, TV, 녹음기, CD 플레이어 등이 작동하게 됩니다. 요즈음은 수십만 개의 트랜지스터로 이루어진 전기 회로를 아주 작은 칩에 압축시켜 놓은 집적 회로(IC)를 사용해서 엄청난 성능을 가진 소형 컴퓨터를 만들기도 하지요. 그러니까 더 작은 것을 향해 가는 전자 시대가 열리면서 전자는 더욱 바빠졌답니다.

원자들을 묶어 주는 전자

70종류 남짓한 원자들로 만들어지는 분자의 종류는 무려 1,000만 가지가 넘습니다. 우리 몸은 물론이고, 주변에서 볼 수 있는 모든 물질은 원자들이 모여서 만들어지는 분자로 이루어져 있답니다.

원자들은 금, 은, 구리, 수은처럼 같은 종류의 원자들끼리 모여 있는 경우도 있지만, 대부분의 경우에는 다른 종류의 원자와 함께 모여 결합된 분자로 존재합니다. 산소나 질소 분자처럼 2개의 원자가 단단하게 붙어 있는 경우도 있으며, 헤모글로빈이나 DNA처럼 수천 개의 원자들이 아주 복잡한 모양을 이루고 있는 경우도 있습니다. 또 녹말이나 단백질처럼 동물이나 식물의 몸속에서 자연스럽게 만들어지는 분자도 있고, 아스피린이나 합성 섬유 또는 플라스틱처럼 화학적인 기술을 이용해서 인공적으로 합성된 분자도 있지요. 일산화탄소처럼 사람에게 치명적인 해를 주는 분자가 있는가 하면, 산소나 물처럼 우리의 생명을 유지하는 데 꼭 필요한 분자도 있고요.

원자와 원자를 묶는 전자

분자는 원자들 사이의 화학 결합에 의해서 만들어지는데, 이때 어떤 종류의 원자들이 모여서 어떤 화학 결합을 하는가에 따라서 분자의 고유한 성질들이 결정됩니다.

(+)전기를 가진 원자핵과 (−)전기를 가진 전자로 된 원자들이 서로 너무 가까워지면, 원자핵과 원자핵 그리고 전자와 전자 사이의 전기적인 반발력 때문에 매우 불안정하게 됩니다.

H_2 분자

그러나 두 원자가 적당한 거리만큼 떨어져 있게 되면, 전자가 2개의 원자핵을 전기적인 힘으로 함께 끌어당겨서 안정하게 되지요. 마치 전자가 두 팔로 2개의 원자핵을 동시에 잡아서 떨어지지 않게 하는 접착제와 같은 역할을 하는 셈입니다.

대부분의 경우에는 수소 분자에서처럼 2개의 전자가 쌍을 이루어서 양쪽 원자핵을 함께 묶어 주는 역할을 합니다. 화학 결합의 세기는 모두 다르지만, 일반적으로 화학 결합에 관여하는 전자의 수가 많을수록 더 단단한 결합이 만들어지지요. 그러니까 전자는 원자들을 묶어 주는 끈이라고 할 수 있습니다.

분자들의 모양은 어떻게 결정될까?

원소들은 겉으로는 비슷하게 생겼지만 화학적 특성은 매우 다양합니다. 원자마다 가장 바깥을 둘러싸고 있는 원자가전자들의 성질이 크게 다르기 때문입니다. 두 원자가 서로 가까워지면 원자가전자들을 함께 나누어 쓰면서 서로 단단하게 달라붙게 되는 경우가 있습니다.

화학에서는 두 원자가 원자가전자를 서로 나누어 쓰면서 친해지는 것을 결합이라고 하고, 원자들의 그런 결합으로 만들어지는 덩어리를 분자라고 부릅니다. 물(H_2O), 이산화탄소(CO_2), 암모니아(NH_3)처럼 간단하게 생긴 분자도 있지만, 단백질이나 DNA처럼 엄청나게 복잡한 분자도 있습니다.

2개의 원자가 결합되면 직선형의 분자가 생기지만, 3개 이상의 원자가 결합되면 다양한 모양을 가진 분자가 만들어집

암모니아

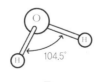

물

DNA

니다. 물 분자는 산소의 양쪽에 2개의 수소가 104.5°의 각도로 결합된 것이고, 암모니아는 질소 원자를 중심으로 3개의 수소가 우산 같은 모양으로 결합된 것입니다. DNA는 2개의 나선형 사슬이 엉겨 있는 모양이고, 풀러렌이라고 하는 축구공처럼 생긴 분자도 있지요.

풀러렌은 축구공 모양과 같답니다~

풀러렌

2개 이상의 분자가 만나면서 전자의 분포가 바뀌게 되면 새로운 분자가 만들어지는 화학 반응이 일어납니다. 분자에서 전자의 이동이 우리 생명을 이어 주는 중요한 역할을 하는 것이지요. 화학자들은 눈으로 볼 수도 없는 분자들의 전자 상태를 변화시켜서 우리에게 유용한 분자들을 만들어 내는 사람이랍니다.

원자에서 전자가 떨어져 나가면

원자핵이 전자를 붙잡아 두는 힘은 원자나 분자에 따라 천차만별입니다. 나트륨이나 칼륨 원자의 가장 바깥에 분포하고 있는 전자 1개는 아주 느슨하게 붙어 있어서 쉽게 떨어져 버립니다. 그렇게 되면 원자핵이 가진 (+)전기가 남기 때문에 나트륨 이온(Na^+)이나 칼륨 이온(K^+)이 됩니다.

이와는 반대로 플루오르나 염소 원자는 원래 가지고 있던 전자만으로는 만족하지 못하고 옆에 있는 다른 원자나 분자로부터 1개의 전자를 빼앗아 와서 (−)전기를 가진 플루오르 이온(F^-)이나 염화 이온(Cl^-)을 만듭니다.

이처럼 이온은 원자나 분자가 원래 가지고 있던 전자를 잃어버리거나, 전자를 빼앗아서 만들어지는 것으로 특별히 신비한 물질은 아닙니다. 일반적으로 이온은 안정하지 않아서 옆에 있는 다른 원자나 분자와 쉽게 반응하는 특성을 가지고 있을 뿐이지요.

여러 가지 이온

요즘 문제가 되고 있는 '오존 구멍'도 이온에 의해서 생깁니다. 냉장고에 사용하는 CFC(염화플루오린화탄소)라는 물질이 태양에서 오는 자외선에 의해서 부서지면서 염화 이온(Cl^-)이 생기고, 이것이 성층권의 산소와 오존의 균형을 깨뜨려서 오존층에 구멍이 나는 것이지요.

오존층에 구멍이 난다는 것은 오존의 밀도가 낮아진다는 것으로 특정 부위의 오존이 거의 없어진 것을 말합니다. 오존의 밀도가 낮아지면 태양의 강한 에너지를 가진 자외선이 차단되지 못하기 때문에 지구상의 생명체에 심각한 영향을 주게 된답니다.

원자를 아주 높은 온도로 가열하면 모든 전자가 떨어져 버린 원자핵으로 만들어진 플라스마라는 매우 불안정한 기체가 만들어집니다. 플라스마는 핵융합 반응에도 사용되고, 컴퓨터 칩을 제작하는 데도 사용되지요.

순수한 물속에도 아주 적은 (+)이온이 존재합니다. 1개의 산소와 2개의 수소로 된 물 분자(H_2O)가 옆에 있는 물 분자로부터 수소 이온(H^+)을 빼앗아 오면 히드로늄 이온(H_3O^+)과 수산화 이온(OH^-)이 생기지요. 이 이온들이 생체에서의 화학 반응에 큰 영향을 주는 물의 산성도를 결정하게 된답니다.

뭘 그렇게 열심히 하고 있는 거죠?

선생님, 이 전기 제품들 전부 제가 고쳤어요!

알고 보니 대단한 재주꾼이군요. 전자처럼 말이에요.

전자가 그렇게 재주가 많은가요?

(-)전기를 띤 전자는 대단히 작지만 만능 재주꾼이지요. 텔레비전이나 컴퓨터 모니터, 밤거리를 장식하는 네온사인도 전자를 이용한 장치랍니다.

ICE CREAM
DOUGHNU

전자는 누가 처음 발견했나요?

크룩스에 의해 처음 밝혀졌지만 '전자'라는 이름은 후에 로렌츠에 의해 붙여지게 됐지요.

이걸 전자라고 하자!

그런데 선생님, 전기와 전자는 다른 건가요?

아니요. 전기는 전자들이 일으키는 것으로, 전기 현상이 먼저 발견되고 나중에 전자가 발견된 것뿐이에요.

전기다리미를 전자다리미라고 해도 전기, 즉 전자의 흐름에서 생기는 열을 이용하는 기본 원리는 같답니다.

전기다리미

전자는 정말 재주가 많네요.

원자가 이온으로 될 때

원자가 전자를 잃으면 양이온이 되고, 전자를 얻으면 음이온이 됩니다.
전해질의 비밀, 즉 이온에 대해 알아보기로 합시다.

일곱 번째 수업

원자가 이온으로 될 때

돌턴이 원자가 이온으로 될 때의
변화를 알아보자며
일곱 번째 수업을 시작했다.

　전자는 원자핵에 있는 양전하를 띤 입자, 즉 양성자의 전기
적인 힘에 의해 끌어당겨지고 있습니다. 그러나 전자가 양성
자 쪽으로 마구 끌려들어 가지 않는 것은 전자가 양성자 주위
를 회전하면서 생기는 원심력 때문입니다. 그러니까 양성자
에 의한 전기적인 힘과 회전 운동에 의한 원심력이 균형을 이
루는 위치에 전자가 머무르게 되는 것이지요.

　원자핵이 전자를 붙잡아 두는 힘은 원자에 따라 천차만별입니다. 즉, 양성자에 의한 전기적인 힘이 원자에 따라 차이가 난다는 것이지요. 어떤 원자 속에 있는 전자는 가출을 아주 좋아하는 반면, 또 다른 어떤 원자 속의 전자는 절대로 가출하지 않고 오히려 다른 원자에 있는 친구 전자를 자기 쪽으로 데려오려고 하는 것도 있답니다.

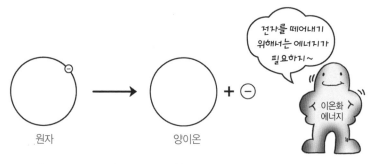

$$Na(g) + 118kcal/mol \rightarrow Na^+(g) + e^-$$

집 밖으로 나가는 전자

물질 중에서도 특히 금속 원자에 들어 있는 전자는 집 밖으로 나가기를 좋아합니다. 무슨 말이냐고요? 금속을 가열하면 전자는 금속을 뛰쳐나가 자유 공간으로 나갈 수 있다고 했습니다. 외부에서 가해진 열에너지가 원자 속에 갇혀 있던 전자의 운동 에너지로 흡수되기 때문이지요.

전자의 운동 에너지는 전자 회전 운동의 근원인데, 이 운동 에너지가 증가하면 전자의 회전 속도가 증가하게 됩니다. 전자의 회전 속도가 증가하면 그 물질의 온도가 올라가게 되는데, 물질의 온도가 일정 값 이상으로 높아지면 전자의 회전 운동에 의한 원심력이 전기적인 힘보다 커지면서 전자가 원자 바깥으로 뛰쳐나가게 되는 것이지요. 이렇게 전자가 떨어져 나간 상태의 원자를 양이온이라고 합니다.

가출 전자와 친구 전자

금속 원자의 경우에는 원자핵과 전자 사이의 전기적인 힘이 비교적 작습니다. 심지어는 가열하지 않아도 원자 속의 전자들이 마구 가출하려고 하는 금속 원자도 있지요.

예를 들어, 나트륨(Na) 원자는 원래 11개의 전자를 가지고 금속 원자입니다. 그중에서 가장 바깥 부분에 분포하고 있는 전자 하나는 아주 느슨하게 붙어 있어서 원자로부터 쉽게 떨어져 버립니다. 그렇게 되면 원자핵이 가진 (+)전기가 원자 속 (−)전기보다 많아지기 때문에 (+)전기를 띤 나트륨 이온(Na^+)이라는 양이온이 됩니다.

금속 원자와는 반대로 비금속 원자에서는 오히려 원자 외부에 있는 다른 전자가 원자 쪽으로 끌려들어 옵니다. 즉, 친구 전자가 들어오게 되는 것이지요. 예를 들면, 17개의 전자를 가지고 있는 염소(Cl) 원자는 원래 가지고 있던 전자만으로는 만족하지 못하고 옆에 있는 다른 원자나 분자로부터 한 개의 전자를 더 빼앗아서 (−)전기를 가진 염소 이온(Cl⁻)으로 되는 것을 좋아한답니다. 다른 곳으로부터 전자를 얻은 원자를 음이온이라고 합니다.

소금물과 이온 음료

원자가 전자를 잃으면 양이온이 되고, 원자가 전자를 얻으면 음이온이 된다는 것을 알게 되었지요? 이렇게 만들어진 양이온이나 음이온은 전기적인 힘으로 옆에 있는 다른 원자나 분자, 혹은 이온들끼리 쉽게 반응하는 특성을 가지고 있습니다.

아주 좋은 예가 바로 소금이지요. 소금은 나트륨 양이온과 염소 음이온의 결정체입니다. 소금을 물에 녹이면 아주 잘 녹습니다. 고체 상태의 소금에서는 나트륨 양이온과 염소 음이온이 규칙적으로 빽빽하게 쌓여 있다가, 물속에 들어가게 되면 이온들이 자유롭게 헤어지는 것이지요. 물속에서 따로 따로 헤어진 이온들은 크기가 너무 작아 우리 눈에는 보이지 않는답니다.

운동을 한 후 이온 음료를 즐겨 마시는 사람들이 많이 있습니다. 땀을 많이 흘려 목이 마르기 때문이지요. 그러면 물을 마셔도 될 텐데, 군이 이온 음료를 마시는 까닭은 무엇일까요? 바로 땀 속에 녹아 몸 밖으로 배출된 이온들 때문이랍니다. 운동할 때 흘리는 땀 속에는 혈액 속에 있던 이온성 물질도 들어 있습니다.

이온성 물질은 우리 몸에서 일어나는 화학 반응에 매우 중요한 일을 하고 있어서, 너무 많이 몸 밖으로 빠져나가 버리면 우리 몸에 이상이 생깁니다. 그러니까 우리 몸에 필요한 몇 가지 이온을 넣어 만든 이온 음료를 마시는 것이 맹물을 마시는 것보다 우리 몸을 정상으로 회복하는 데 더 도움이 되지요. 소금물을 마셔도 이온 음료와 비슷한 효과를 낼 수 있습니다. 그러니까 이온 음료는 바로 맛 좋은 소금물에 지나지 않는답니다.

이온이 되고 싶은 원자

원자 속의 전자 중에서 가장 에너지가 높은 전자가 원자 밖으로 튀어 나가면 양이온이 만들어집니다. 또, 어떤 원자는 원자 밖에 있는 전자를 끌어들여 음이온이 되기도 합니다. 이온이란 원자가 전자를 잃거나 얻어 전기를 띠게 된 것을 말합니다.

전자를 잃으면 양이온, 전자를 얻으면 음이온

원자는 (−)전기를 띤 전자와 (+)전기를 띤 양성자가 있는 원자핵으로 이루어져 있습니다. 전자와 원자핵 간에는 서로 끌어당기는 전기적인 힘이 작용하고 있으며, 이 힘의 크기는 원자의 종류에 따라 천차만별이랍니다. 그래서 원자의 종류에 따라 전자를 쉽게 잃어버리고 양이온이 되기를 좋아하는 원자가 있는가 하면, 전자를 끌어들여 음이온이 되기를 좋아하는 원자도 있답니다.

나트륨(Na)이나 칼슘(Ca) 원자는 원래 가지고 있던 자신들의 전자를 제대로 지킬 힘이 없답니다. 그래서 틈만 나면 이 원자들은 전자를 내놓고 나트륨 이온(Na^+), 칼슘 이온(Ca^{2+})으로 되고 싶어 한답니다. 전자를 내놓고 (+)전기를 띠게 된 입자를 양이온이라고 하지요. 전자를 한 개 잃으면 (+1)의 양이온이 되고, 전자를 두 개 잃으면 (+2)의 양이온이 되지요.

그와는 반대로, 염소(Cl)나 플루오르(F) 원자는 다른 원자가 가지고 있는 전자까지도 서슴없이 빼앗을 수 있는 힘이 있습니다. 이것들은 틈만 생기면 다른 원자의 전자를 끌어들여 염소 이온(Cl^-), 플루오르 이온(F^-)이 되려고 하지요. 전자를 받아들여 음의 전기를 띠게 된 입자를 음이온이라 합니다. 전자를 한 개 얻으면 (−1)의 음이온이 되고, 전자를 두 개 얻으면 (−2)의 음이온이 된답니다.

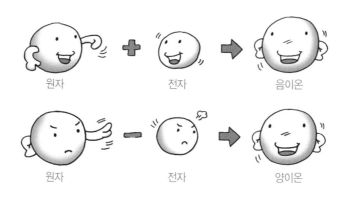

원자　　　　　전자　　　　　음이온

원자　　　　　전자　　　　　양이온

전자를 내놓는 원자, 전자를 끌어가는 원자

원소 가족 중에서 전자를 쉽게 내놓는 성질을 가진 원자들을 금속이라 하고, 전자를 끌어가려는 성질이 큰 원자들을 비금속이라 합니다. 얼마만큼 전자를 내놓기 좋아하는지, 얼마만큼 전자를 끌어가려고 하는지는 원소의 종류에 따라 차이가 있습니다. 예를 들면, 양이온이 되려는 성질이 가장 큰 것은 프랑슘(Fr)입니다. 음이온으로 되려는 성질이 가장 큰 것은 플루오르(F)이고요.

그런데 전자를 내놓거나 끌어가는 일에 전혀 관심이 없는 원자도 있습니다. 헬륨, 네온, 아르곤 기체 원자들이 바로 그렇지요. 이 원자들은 자기 자신의 상태에 완전히 만족해서 다른 어떤 원자에도 관심이 없답니다. 그래서 자신들의 전자를 절대 내놓지도 않고, 다른 원자의 전자를 절대 끌어오지도 않습니다. 화학 반응을 잘 하지 않는 이 기체 원자들을 비활성 기체라고 합니다. 비활성이란 반응성이 없다는 뜻이지요.

원자로부터 전자를 떼어내려면 에너지가 필요

세상에는 힘들여 일하지 않고 이루어지는 일은 거의 없습니다. 원자의 세계에서도 그렇답니다. 원자로부터 전자를 떼어내어 양이온을 만들기 위해서는 그만큼 일을 해야 합니다. 에너지가 필요하다는 말이지요.

기체 상태의 원자로부터 전자를 떼어내는 데 필요한 에너지를 이온화 에너지라고 합니다. 이온화 에너지가 크면 양이온으로 되기 어렵고, 이온화 에너지가 작으면 양이온으로 되기 쉽다는 뜻이지요.

공기 청정기에도 이온이

이온은 일반적으로 매우 불안정해서 다른 분자와 쉽게 반응합니다. 그래서 물과 같은 특별한 액체나 소금과 같이 독특한 구조를 가진 결정 속에서만 이온의 모습을 유지할 수 있습니다. 이런 이온은 우리 생활에도 쓰이고 있습니다. 예를 들면, 물에 소금을 넣으면 나트륨 양이온과 염소 음이온으로 분해된 이온수가 되지요. 운동을 심하게 하면 이런 전해질 이온이 땀과 함께 빠져나가기 때문에 우리는 갈증을 느끼게 됩니다. 이때, 물에 소금을 조금 넣어 마시면 몸에서 빠져나간 전해질을 보충할 수 있습니다.

또, 최근에 인기를 모으고 있는 오존 발생기를 알아볼까요? 공기를 깨끗하게 해 준다는 공기 청정기 속에는 오존을 발생하는 장치가 들어 있습니다. 오존은 공기 속의 미생물을 완전히 산화시켜 버리는 살균력이 있지요. 오존을 발생하는 원리에도 이온이 쓰입니다. 우선 뾰족한 금속 막대기 사이에 높은 전압을 걸어 주면 전기 방전이 일어납니다.

전기 방전은 한쪽 금속에 있던 전자가 다른 쪽으로 뛰어넘어 가는 현상을 말합니다. 이 전자가 공기 분자와 충돌하면 푸른색의 섬광을 냅니다. 방전이 일어나면 공기 분자 중에 산소 이온이 생기고, 산소 이온이 다시 공기 중의 산소 분자와 1초에 수십억 번씩 충돌하면 오존이 만들어진답니다. 오존은 우리 생활에 유익하게 쓰이기도 하지만, 공기 중에 지나치게 많으면 오히려 사람의 피부와 호흡기에 피해를 주기도 합니다.

물속을 헤엄쳐 나가는 이온들

지구 위의 물질은 기체, 고체, 액체의 3가지 형태로 이루어져 있습니다. 그리고 지구에 존재하는 모든 물질의 성질은 전자의 작용에 의해 지배되고 있다고 할 수 있지요. 전자는 금속 고체 속을 헤쳐 나가기도 하고, 기체 속을 화살처럼 날아가기도 합니다.

그렇다면 물과 같은 액체 속에서도 전자가 이동할 수 있을까요? 그렇습니다. 정확하게 말하면, 전자는 이온의 형태로 액체 속을 헤엄쳐 나갈 수 있답니다. 이온이 액체 속을 헤엄쳐 나가는 것은 전자가 기체 속을 날아가는 것에 비해 그리 쉬운 일은 아닙니다. 액체 분자들이 이온의 이동을 방해하기 때문이지요. 액체 속에는 이온의 이동을 방해하는 액체 분자가 기체 속보다 훨씬 많다는 뜻이지요. 조금 어렵게 말하자면 액체의 밀도가 기체의 밀도보다 크기 때문이랍니다.

물론, 밀도가 큰 물질이라고 해서 무조건 전자 이동이 어려운 것은 아닙니다. 예를 들면, 수은 금속은 밀도가 대단히 크지만 전자 이동이 잘 일어나지요. 다이아몬드는 수은보다 밀도가 작지만, 다이아몬드 속에서는 전자가 꼼짝도 하지 못한답니다. 수은은 금속이기 때문이지요. 금속에서는 밀도에 상관없이 전자 이동이 매우 잘 일어납니다.

과학자의 비밀노트

밀도

밀도는 물체의 질량을 부피로 나누어서 구한다. (단위:kg/m³, g/cm³)
대부분의 물질은 고체 상태의 밀도가 가장 크고 액체, 기체 순으로 밀도
가 작아진다. 그러나 물이 경우에는 약 4℃일 때의 액체 상태에서
밀도가 가장 크고 고체, 기체 순으로 밀도가 작아진다.

이온은 전자를 태우고 가는 나룻배

이제 물속을 헤엄쳐 나가는 이온 이야기를 해 보지요. 아무
것도 섞이지 않은 순수한 물을 증류수라고 합니다. 이 증류
수에 전류를 흘려보내면 전기가 거의 통하지 않습니다. 왜냐
고요? 음극에서 나온 전자가 건너편에 있는 양극으로 가려면
전자가 타고 갈 나룻배가 필요하답니다. 즉 전자를 이동시켜
줄 나룻배 역할을 하는 이온들이 물속에 많이 있어야 전자가
이동할 수 있는데 증류수에는 나룻배 역할을 할 이온들이 아
주 조금밖에 없어요. 그러니까 음극에 잔뜩 몰려와 있는 전
자들을 건너편 양극까지 실어다 줄 나룻배가 부족해서 증류
수에서는 전류가 잘 통하지 않는답니다.

설탕물과 소금물

설탕을 증류수에 넣어 보면 어떨까요? 물속에 뭔가 들어 갔으니 전자를 실어 나를 나룻배 구실을 할 것도 같지요? 하 지만 설탕을 아무리 많이 넣어도 설탕물에서는 전류가 흐르 지 않습니다. 왜냐하면 설탕에서는 이온이 생겨나지 않으니 까요.

소금은 어떨까요? 소금은 나트륨 이온과 염화 이온의 결정 체입니다. 염화나트륨이라고도 하지요. 염화나트륨을 물에 넣으면 순식간에 각각의 이온들이 물속으로 뿔뿔이 흩어져 나갑니다. 그러니까 소금물에는 소금으로부터 녹아 나온 이 온 식구들이 북적대고 있습니다. 증류수와는 사정이 달라진 것이지요. 이온 식구들이 많아지면 나룻배 구실을 제대로 할

설탕물

전류가 흐르지 않는다.

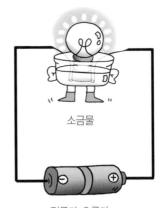

소금물

전류가 흐른다.

수 있겠지요? 그렇습니다. 양극과 음극으로 연결된 소금물 속에서 전자와 이온들 사이의 거래가 이루어지면서 전류가 통하게 된답니다.

전해질과 비전해질

그러면 물에 녹였을 때, 전류가 통하는 물질과 통하지 않는 물질 사이에는 어떤 차이가 있을까요? 그렇습니다. 바로 물속에서 이온을 내놓는 물질은 전류가 통하고, 이온을 내놓지 못하는 물질은 전류가 통하지 않습니다. 소금처럼 물속에서 이온을 내놓는 물질을 전해질이라고 하고, 설탕처럼 물속에서 이온을 내놓지 못하는 물질을 비전해질이라고 합니다.

우리 주변에서 전해질 용액을 찾아보면 비눗물도 전해질 용액이고, 요리에 사용하는 식초도 전해질 용액입니다. 그리고 오렌지 주스, 레몬즙, 사과즙도 전해질 용액입니다. 과일즙에는 과일산에서 나온 이온들이 많으니까 좋은 전해질 용액이라고 할 수 있지요.

헉헉! 선생님, 운동을 했더니 너무 힘들어요. 맛있는 이온 음료 좀 주세요.

여기 있어요.

웩! 이건 소금물이잖아요.

소금물을 마셔도 이온 음료와 비슷한 효과를 낼 수 있지요. 이온 음료는 맛좋은 소금물에 지나지 않는답니다.

그게 정말이에요?

원자가 전자를 잃으면 양이온이 되고 전자를 얻으면 음이온이 되지요.

원자 + 전자 → 음이온

원자 - 전자 → 양이온

그런데 나트륨 이온과 염화 이온의 결정체인 소금이 물에 녹으면 소금으로부터 녹아 나온 이온들로 가득 차게 된답니다.

그러면 설탕물도 이온 음료랑 비슷한가요?

아니요, 설탕물에서는 이온이 생기지 않아요. 설탕과 같이 물속에서 이온을 내놓지 못하여 전류가 통하지 않는 물질을 비전해질이라고 해요.

물에 녹인다

전류를 흘린다 (-)극 (+)극

고체 설탕

설탕 수용액

설탕 수용액

그럼 소금은 전해질이겠네요.

물에 녹인다

전류를 흘린다 (-)극 (+)극

고체 소금

소금 수용액

소금 수용액

그렇지요. 비눗물이나 식초도 물속에서 이온을 내놓아 전류가 통하는 전해질이랍니다.

이온들의 반응

이온들은 재빠르게 반응하며 요술같이 신기한 결과를 만들어 냅니다.
요술쟁이 이온에 대해 알아봅시다.

여덟 번째 수업

이온들의 반응

돌턴이 과일 바구니를 들고 와서
여덟 번째 수업을 시작했다.

이온은 요술쟁이

　달고 시원한 귤, 생각만 해도 입안에 침이 돕니다. 새콤한
맛이 생각나기 때문이지요. 사과도 그래요. 달지만 신맛이
납니다. 그리고 보니 과일들은 대부분 달고 신맛이 나는군
요. 이 신맛은 바로 과일에 들어 있는 과일산이 만들어 내는
것입니다. 과일의 신맛보다 더 심한 것은 식초의 신맛이지
요. 식초의 시큼한 맛 때문에 눈이 찡그려지기도 하지요. 식
초의 신맛 역시 식초산이 만들어 냅니다.

과일산이나 식초산 같은 산성 물질이 내는 신맛의 정체는 무엇일까요? 그것은 바로 수소 이온(H^+)이랍니다. 그러니까 신맛의 정체는 과일이나 식초 속에 들어 있는 요술쟁이 수소 이온(H^+)의 장난이지요.

수소 원자 속에서 원자핵 주변을 돌던 전자가 수소 원자로부터 떨어져 나가면 수소 이온이 만들어집니다. 수소 이온은 (+)전기를 띠는, 세상에서 가장 작은 이온이지요. 크기가 작다고 얕보다간 큰코 다칩니다. 세상에서 가장 작은 이온이지만 이 꼬마 수소 이온은 화학적으로 엄청난 위력을 가지고 있으니까요. 어떤 힘이냐고요? 산성 물질에 들어 있는 작은 꼬마 수소 이온은 양은 냄비를 녹여 버리기도 하고, 철사를 녹이기도 하지요. 대리석 조각상을 녹일 수도 있고, 거대한 석회암을 녹여 동굴을 만들어 내기도 한답니다. 대단하지요?

수소 이온을 잘 만들어 내면 산, 잘 빼앗아 가면 염기

물속에서 수소 이온을 잘 만들어 내는 분자를 산이라 하고, 수소 이온을 잘 빼앗아 가는 분자를 염기라고 합니다. 식초는 물에 아세트산을 섞어 만든 수용액인데, 아세트산으로부터 수소 이온이 떨어져 나와 물속에는 수소 이온이 많아지게 됩니다. 중성의 물보다 수소 이온이 더 많은 수용액을 산성

용액이라고 합니다. 그러니까 식초는 산성 물질이며, 식초의 신맛은 바로 수소 이온 때문이지요.

염기를 물에 넣으면 물(H_2O)에서 수소 이온을 잘 떼어 가서, 수용액에는 수산화 이온(OH^-)이 남게 됩니다. 중성의 물보다 수산화 이온이 더 많은 용액을 염기성 용액이라고 합니다. 염기성 용액을 피부 표면에 문지르면 피부의 단백질을 녹이기 때문에 미끈거리게 된답니다. 비누를 문지르면 미끄러운 이유가 바로 이것 때문이지요. 비누는 염기성 물질의 좋은 예입니다.

이온들의 합창

산과 염기가 만나면 신기한 반응이 일어납니다. 예를 들어 보지요. 염산(HCl)과 수산화나트륨($NaOH$)은 우리 몸에 강한 독성을 나타내는 위험한 화학 물질이랍니다. 그러나 위험한 염산과 수산화나트륨이 1:1로 만나면 기적이 일어납니다.

염산의 수소 이온과 수산화나트륨의 수산화 이온이 서로 만나 물로 변하고, 염화 이온과 나트륨 이온이 서로 만나 소금을 만든답니다. 이때 염산과 수산화나트륨이 가지고 있던 모든 독성은 마술같이 사라져 버리게 되지요.

| 염화 이온 | 나트륨 이온 | 염화나트륨(소금) |

소금은 우리 생활에 없어서는 안 될 중요한 물질이며, 우리 몸에도 반드시 필요한 물질입니다. 이처럼 산과 염기가 만나면 서로의 성질을 잃어버리고 전혀 다른 새로운 물질이 만들어지는데, 이것을 중화 반응이라고 합니다. 그러니까 중화 반응은 산과 염기의 이온들이 수용액에서 부르는 합창이라고 할 수 있지요.

비누도 중화 반응의 작품

이런 산과 염기의 중화 반응은 우리들의 일상생활은 물론이고, 산업에서도 중요하게 활용되고 있습니다. 세수를 하거나 빨래를 할 때 사용하는 비누도 바로 중화 반응에 의해서 만들어진 것이지요.

비누가 만들어지기 전에는 식물을 태운 재에서 우러나는 수산화칼륨을 이용해서 빨래를 했습니다. 할머니들이 '잿물'이라고 부르던 것이 바로 이것이지요. 그래서 바닷물을 전기 분해해서 만든 수산화나트륨을 '서양에서 들여온 잿물'이라는 뜻으로 '양잿물'이라고 부르기도 했지요. 그러나 양잿물은 독성이 강해서 옷감을 손상시키고, 피부에 문제를 일으키기도 했습니다.

그런데 이런 양잿물을 동물성 지방이나 식물성 기름에 넣으면 비누가 만들어집니다. 지방이나 기름을 이루고 있는 지방산(산)이 양잿물(염기)과 중화 반응을 일으켜서 만들어지는 것이 바로 비누랍니다. 비누는 독성이 없어서 옷감이나 피부에 손상을 주지 않습니다. 물론 세탁력도 양잿물보다 월등히 뛰어나고요.

우리 몸에 중요한 수소 이온

사람의 혈액은 약한 염기성을 띠고 있습니다. 이것은 중성인 물속의 수소 이온 비율보다 혈액 속의 수소 이온 비율이 조금 더 적다는 것을 의미합니다. 아무튼 약한 염기성을 띠어야만 하는 혈액 속의 수소 이온의 양은 아주 중요합니다. 만약 수소 이온의 양이 100배 정도 많아지면 생명을 잃게 되거든요.

우리 몸에는 수소 이온의 농도를 약한 염기성으로 일정하게 유지시키기 위한 장치가 마련되어 있답니다. 우리가 호흡으로 내뱉는 이산화탄소가 바로 그런 역할을 하지요. 사람의 혈액에 녹아 있는 수소 이온의 양은 누구나 똑같습니다. 그래서 병원에서 사용하는 링거액은 누구에게나 똑같은 것을 사용할 수 있습니다. 링거액은 수소 이온의 양을 우리 몸속의 액체와 같도록 맞춰 놓은 소금물 비슷한 용액이랍니다.

만일 혈액 속의 수소 이온의 양이 달라지면 몸속에서 일어나는 화학 반응이 달라집니다. 그리고 몸속의 단백질의 모양과 성질이 바뀌고 생리 작용이 달라져, 건강에 이상이 생기고 심하면 죽을 수도 있지요. 이것은 사람뿐만 아니라 박테리아와 같은 미생물도 마찬가지랍니다. 이처럼 우리 몸속의 물에 들어 있는 수소 이온의 양을 일정하게 유지하는 것은 아주 중요합니다.

할 일 많은 이온

　동남아시아 국가의 1월에는 모기에 의해 감염되는 뎅기열 (dengue fever)이라는 급성 전염병이 기승을 부린다고 합니다. 비가 잘 내리지 않아 물이 고여 있기 때문이지요. 고열과 통증, 식욕 부진을 동반하는 뎅기열은 아직까지 백신이나 치료약이 없어서, 식염수를 주사하고 이온 음료를 마시는 것이 주된 치료법이라고 합니다. 우리 몸에 필요한 이온들이 녹아 있는 물을 마시게 하여 탈수 현상을 막는 것이지요.

식염수

　식염수란 소금을 녹인 물을 말합니다. 물에 소금(염화나트륨)을 넣으면 나트륨 이온(Na^+)과 염화 이온(Cl^-)이 분리되어 이온수가 되지요.

　물에 녹은 소금의 이온들은 물의 화학적 성질을 변화시켜 그 속에서 일어나는 화학 반응에 영향을 주게 됩니다. 그래서 정교한 화학 반응으로 생명이 유지되는 우리 몸에는 적당한 양의 소금이 녹아 있어야만 하지요. 소금과 같은 전해질이 너무 적거나 많으면 세포에서의 물질 대사에 심각한 문제가 생기고, 자칫하면 생명이 위험하게 될 수도 있답니다.

양이온과 음이온

이온을 이해하려면 우선 물질을 구성하고 있는 원자를 살펴보아야 합니다. 원자는 서로 다른 전기를 띤 전자와 원자핵으로 되어 있습니다. 그래서 전자와 원자핵 간에는 서로 끌어당기는 힘이 작용하고 있고 이 힘의 크기는 원자마다 서로 다르답니다.

원자나 분자가 원래 가지고 있던 전자를 잃거나 다른 전자를 얻어오면 이온이 만들어집니다. 나트륨이나 칼륨은 전자 잃기를 좋아해서 양이온으로 되기 쉽고, 플루오르나 염소는 전자 빼앗기를 좋아해서 음이온으로 되기 쉽다는 것은 이미 배웠죠?

전자를 내놓기 좋아하는 원소를 금속 원소라고 하고, 전자를 빼앗으려는 원소를 비금속 원소라고 하지요. 그러니까 금속 원소는 양이온을 만들고, 비금속 원소는 음이온을 만들어 냅니다. 그러나 한 가지 예외가 있습니다. 수소는 전자를 내놓기 좋아하지만 금속 원소가 아니라 비금속 원소랍니다.

이온들이 만들어 내는 신비

'세상의 빛과 소금이 되라'는 말이 있습니다. 소금이 그만큼 우리에게 중요한 물질이라는 뜻이지요. 사람에게 유용하게 쓰이는 소금은 그만큼 할 일이 많고 중요한 화합물이랍니다.

소금은 나트륨 이온(Na^+)과 염화 이온(Cl^-)이 결합해 만들어진 염화나트륨($NaCl$)입니다. 나트륨(Na) 금속이나 염소(Cl_2) 기체는 인체에 강한 독성을 나타내는 원소입니다. 그러나 나트륨 이온과 염화 이온이 만나면 우리 몸에 꼭 필요한 염화나트륨($NaCl$)이 만들어지는 것이 바로 화학의 신비로움이지요.

나트륨은 전자를 하나 잃으면 더욱 안정해지고, 염소는 거꾸로 전자를 하나 얻으면 안정해지는 특성을 가지고 있습니다. 하얀 소금 알갱이는 그렇게 만들어진 나트륨 양이온과 염소 음이온이 교대로 단단하게 뭉쳐진 덩어리이지요.

소금을 800℃ 이상으로 가열하면 녹기는 하지만 나무처럼 타 버리지는 않습니다. 나트륨 이온과 염소 이온이 공기 중의 산소와 화학적으로 결합하지 않기 때문입니다. 그래서 뜨겁게 녹인 소금을 다시 식히면 본래의 소금으로 돌아가 버릴 뿐이고 조금도 달라지지 않는답니다.

수소 이온의 농도

식초는 시큼한 맛이 나고 비눗물은 미끈거립니다. 산과 염기라는 성질이 반대인 물질, 즉 아세트산과 수산화나트륨이 들어 있기 때문이지요. 산성이나 염기성 물질이 물에 녹으면 물속의 수소 이온의 농도가 변하게 됩니다. 수소 이온은 하나의 양성자로 된 아주 작은 알갱이지만, 물속에서 일어나는 화학 반응에 대단히 큰 영향을 미친답니다.

수소 이온이 많은 산성의 물은 아연이나 마그네슘과 같은 금속을 녹이기도 하고 단백질의 가수 분해를 촉진하기도 합니다. 위 속에서 단백질이 분해되는 것도 염산이 주성분인 위액 때문이랍니다. 반대로 염기성 물질을 넣으면 수소 이온의 농도가 낮아집니다.

물속의 수소 이온의 농도는 pH라는 측정값으로 표시합니다. 순수한 물의 pH는 7이며, pH가 7보다 작으면 산성이고, 7보다 크면 염기성입니다. 생체에서 일어나는 반응은 pH에 특히 민감합니다. 우리 혈액의 pH는 7.4 정도가 되어야만 건강이 유지되며, 만약 혈액의 pH가 6.8~7.8의 범위를 벗어나게 되면 몸속의 모든 화학 반응이 심각한 영향을 받아 생명이 위험해진답니다.

만화로 본문 읽기

으악~
이건 식초잖아!

음료수인 줄 알고 식초를 마셨군요.

그냥 컵에 있어서 음료수인 줄 알았어요. 근데, 식초는 왜 신맛이 나는 거죠?

신맛은 과일이나 식초 속에 들어 있는 요술쟁이 수소 이온(H^+) 때문이에요.

수소 이온이요?

수소 원자 속에서 원자핵 주변을 돌던 전자가 수소 원자로부터 떨어져 나가면 수소 이온(H^+)이 만들어집니다. 수소 이온은 양(+)의 전기를 띠는 세상에서 가장 작은 이온이지만 화학적으로는 엄청난 위력을 발휘하지요.

어떤 위력이요?

수소 이온은 양은 냄비를 녹여 버리기도 하고, 철사를 녹이기도 합니다. 대리석 조각상을 녹일 수도 있고, 거대한 석회암을 녹여 동굴을 만들어 내기도 한답니다. 대단하지요?

그런데 이 위험한 수소 이온이 든 염산(HCl)이 수산화나트륨(NaOH)과 1대 1로 만나면 기적이 일어납니다. 염산의 수소 이온(H^+)과 수산화나트륨의 수산화 이온(OH^-)이 만나 물로 되면서 염산과 수산화나트륨이 가지고 있던 모든 독성은 마술같이 사라져 버리게 되지요.

신기하네요.

물을 낳는 원소와 물을 만나면 타는 금속

우주에서 가장 가벼운 원소인 수소는 가장 빨리 움직이는 분자이기도 하지요.
수소 이야기와 물을 만나면 타는 금속 이야기를 들어 봅시다.

9

물을 낳는 원소와
물을 만나면 타는 금속

교. 고등 화학 Ⅰ   1. 우리 주변의 물질
과.
연.
계.

돌턴이 물을 낳는
원소에 대한 이야기로
아홉 번째 수업을 시작했다.

물을 낳는 원소

물은 낳는 원소! 바로 수소를 일컫는 말이지요. 수소는 우주에서 가장 흔한 원소입니다. 또 우주에서 가장 가벼운 물질이기도 합니다. 지구에서는 화산이 분출되거나 천연가스 속에 수소 기체가 들어 있으며, 지구 표면에서는 산소와 화합한 형태, 즉 물로 존재하지요. 지구 표면의 70%가 물로 덮여 있으니까 수소는 지구에서도 가장 많이 존재하는 원소입니다.

그뿐 아니라 수소는 탄소와 결합하여 유기 화합물에 항상 포함되어 있습니다. 쓰임새가 이렇게 많은 수소는 다른 모든 원소의 출발점이기도 합니다.

지구에서 가장 오래된 원소

수소는 헬륨과 함께 지금으로부터 약 150억 년 전 빅뱅 우주에서 태어난 가장 오래된 원소입니다. 우주의 나이가 3분 정도 되었을 때 수소와 헬륨의 질량 비율은 3 : 1 정도가 되었고, 이 비율은 지금도 거의 유지되고 있지요. 우주의 주성분 원소인 수소는 지구상에서도 가장 풍부한 원소 중의 하나이며, 특히 생체에 중요한 모든 화합물에 빠짐없이 들어 있는 핵심적인 원소입니다.

지구상에서 수소는 원소 상태로는 거의 존재하지 않습니다. 수소는 가볍기 때문에 지구의 생성 과정에서 이탈 속도를 넘어서 지구에는 별로 남아 있지 않기 때문이지요. 그래서 지구상의 거의 모든 수소는 물에 잡혀 있답니다. 수소의 별명이 '물을 낳는 원소'인 까닭이 바로 여기에 있지요. 물을 분해하면 수소를 얻을 수 있고, 반대로 수소를 태우면 물을 얻을 수 있으니까요.

별명은 '타는 공기', 본명은 '물을 낳는 원소'

수소가 물질이라는 것을 처음으로 밝힌 사람은 영국의 화학자 캐번디시입니다. 그는 아연(Zn), 철(Fe), 주석(Sn) 등의 금속에 산을 가하면 잘 타는 기체가 발생하는 것과 반응의 결과로 물이 생기는 것을 발견했습니다. 그래서 1766년 '타는 공기'라는 논문을 발표하게 되었는데, '타는 공기'란 바로 수소를 가리키는 말이었지요.

그러나 캐번디시는 그때까지도 플로지스톤설을 믿고 있었고 자신이 발견한 기체, 즉 수소가 바로 플로지스톤이라고 생각했지요. 그래서 물이란 플로지스톤과 결합한 산소에 지나지 않는다고 생각했고요. 수소를 발견하고도 그 존재를 제대로 인식하지 못했던 캐번디시가 조금 안타깝습니다.

수소를 올바르게 인식한 사람은 프랑스의 라부아지에입니다. 그는 1783년 철관 속에 수증기를 통과시켜 물을 분해하고 수소를 얻는 데 성공했지요. 또한 수소를 연소시키면 물이 생기는 사실도 밝혔습니다. 플로지스톤설에 반대한 그는 '타는 공기'를 '수소'라고 하자고 제안했습니다. 수소를 하이드로겐(hydrogen)이라 하는데, 이것은 '물'을 뜻하는 하이드로(hydro)와 '낳는다'는 뜻의 겐(gen)을 합해 '물을 낳는다'는 뜻을 가진 말이랍니다. 물을 낳는 원소인 수소의 존재를 제대로 밝힌 사람은 라부아지에라고 할 수 있겠지요.

지구로부터 탈출하는 수소

보통의 온도에서 수소 분자의 평균 속력은 초속 1.8km 정도입니다. 1초에 1,800m나 달린다는 것이지요. 그중에는 속력이 초속 11km를 넘는 분자도 있는데, 이 수소 분자는 더 이상 지구에 머무를 수 없습니다. 지구의 인력을 이겨 내고 지구 탈출을 시도하게 되지요. 그래서 지구상에 있는 수소 분자는 우주로 계속 도망가고 있습니다.

우주 공간에는 지구 근처보다 수백 배나 더 많은 수소 분자가 있습니다. 다른 별에도 지구보다 많은 수소가 포함되어 있습니다. 특히 태양의 81.5%가 수소로 이루어져 있다고 합니다.

금속을 좋아하는 수소

수소는 액체로 변하기가 대단히 어려운 기체입니다. 액체로 되려면 −253℃까지 내려가야 되고, −259℃에서 고체로 됩니다. 그래서 여러 명의 과학자들이 액체 수소를 얻으려고 했으나 충분히 얻을 수 없었습니다.

수소에는 재미있는 성질이 또 하나 있습니다. 수소 기체는 물에 잘 녹지 않습니다. 물 부피의 $\frac{1}{50}$ 정도에 해당하는 수소 기체가 녹을 정도이지요. 그런데 니켈, 백금, 팔라듐 같은 금속에는 대단히 잘 흡수된다는 것입니다. 팔라듐 금속은 수소 기체 부피의 850배를 흡수할 수 있습니다. 수소가 흡수되면 금속은 약간 팽창되겠지요. 수소가 금속에 잘 흡수되는 성질을 이용하여 차세대 에너지원인 수소 저장 합금을 탄생시킬 수 있었답니다.

수소 저장 합금은 수소 저금통

미래의 청정 연료로서 수소만큼 좋은 것은 없다고 합니다. 왜냐하면 수소는 물의 형태로 지구상에 대단히 많이 있으며, 수소를 태울 때는 공해 물질이 전혀 나오지 않기 때문이지요. 이 수소를 어떻게 하면 편리하게 이용할 수 있을까요?

저금통을 이용하는 방법이 있습니다. 돼지 저금통에 동전을 모으듯이, 수소 저금통에 수소를 모아 두었다가 필요할 때 꺼내 쓰는 방법이지요. 수소 저장 합금은 바로 수소 저금통인 셈입니다.

　수소 저장 합금은 수소와 화학적으로 반응하여 금속의 표면에 수소를 흡착시킬 수 있는 합금인데, 수소 흡수 저장 합금이라고도 합니다. 이것은 온도를 낮추거나 압력을 높여 주면, 수소를 흡수하여 금속 수소 화합물로 되고 그와 동시에 열을 냅니다. 반대로 온도를 올리거나 압력을 낮추면 다시 수소를 방출하고 열을 흡수하는 성질을 가진 새로운 금속 재료가 됩니다.

　금속으로는 란탄 – 니켈 합금, 마그네슘 – 니켈 합금이 많이 쓰입니다. 수소를 금속 수소 화합물로 만들면, 보통 온도의 수소 기체에 비해 부피가 $\dfrac{1}{1,500}$로 줄어듭니다. 작은 공간에 훨씬 많은 양의 수소를 저장할 수 있다는 것이지요. 그래서 수소 저장 합금은 수소 자동차의 연료 저장 장치로 인기를 모으고 있답니다.

물을 만나면 타는 금속

　우리 선조들은 나무나 짚을 태운 재를 물에 타서 세탁에 이용했습니다. 식물의 재를 탄 물을 잿물이라고 하지요. 잿물은 세탁뿐 아니라 염색에도 쓰였답니다. 볏짚, 메밀대, 콩대 등을 태운 재를 더운 물에 내려 얻은 잿물은 아주 좋은 매염 제입니다. 동백나무, 콩대 등을 태운 재도 많이 쓰였고요. 매 염제란 색이 잘 나면서 오랫동안 색상이 유지되게 해 주는 물 질을 말합니다. 그리고 잿물은 화약을 만들 때도 이용되었다 고 합니다. 잿물에는 어떤 성분이 들어 있기에 이렇게 많은 일을 할 수 있을까요?

잿물에 들어 있는 칼륨

육지 식물의 재에서 얻어진 잿물에는 탄산칼륨이, 바다 식 물의 재에서 얻어진 잿물에는 탄산나트륨이 들어 있습니다. 그러니까 바로 칼륨과 나트륨이 들어 있기 때문입니다. 이 원소들 덕분에 알칼리성 물이 만들어지는데, 알칼리성 물은 미끈거리면서 더러움이나 때를 잘 제거할 수 있답니다. 그리 고 매염제 역할을 할 수도 있지요.

칼륨의 탄생

이제 물을 만나면 타는 금속이라는 별명을 가진 칼륨 금속 이야기를 해보지요. 칼륨은 혼자 있기를 아주 싫어해서, 거 의 항상 다른 원소와 결합해 있으려고 한답니다. 칼륨 금속은 생겨나자마자 곧 다른 물질과 화합하여 자취를 감추기 때문에 칼륨을 순수한 상태로 얻기는 매우 어려웠습니다. 칼륨을 발견하기 어려웠다는 말이지요.

1807년 영국의 화학자 데이비(Humphry Davy, 1778~1829)는 칼륨을 처음으로 금속 홑원소 물질로 분리해 내는 데 성공했습니다. 그는 고온으로 융해시킨 수산화칼륨을 전기 분해하면 음극에서 밝은 빛과 불꽃을 내며 타는 물질이 생기는 것을 알았습니다. 그리고 이 물질을 새로운 금속 원소라고 인정하고, '포타슘'이라는 이름을 붙였습니다. 수산화칼륨을 '포타시'라고 불렀던 것에서 따온 이름이지요. 그 당시까지 원소라고 생각했던 수산화칼륨이 원소 목록에서 지워지고, 포타슘이라는 새로운 원소가 기록되는 순간이었습니다.

현재 한국에서는 포타슘을 칼륨이라 부르는데, 칼륨(kalium)은 나무나 풀의 재를 의미하는 아라비아 어 'kaljan'에서 유래했습니다. 그러나 영국, 미국에서는 여전히 포타슘이라 부르고 있습니다.

보라색 불꽃을 내는 칼륨

칼륨을 공기 중에 두면 수분 내에 흰 껍질로 싸여 광택을 잃어버리고 맙니다. 산화하는 것이지요. 흰 껍질을 벗겨 내도 마찬가지입니다. 칼륨은 새로운 껍질에 다시 싸이고 맙니다. 결국 은색으로 빛나던 칼륨은 회색을 띤 광택 없는 걸쭉한 상태로 되어 버립니다. 칼륨의 감촉은 비누와 같으며, 알칼리성을 띠지요. 그래서 옛날 사람들이 잿물을 내려 세탁에 사용할 수 있었습니다.

또, 조그마한 칼륨 조각을 물에 넣으면 물 위를 빙글빙글 돌아다니며 물과 격렬하게 반응합니다. 이때 연한 보라색 불꽃을 내면서 타오르는 것을 볼 수 있지요. 칼륨 조각을 좀 더 크게 잘라 물에 넣으면 '펑' 소리를 내며 거의 폭발합니다.

그뿐 아닙니다. 칼륨은 산성 수용액에서도 불꽃을 내면서 타고, 산소 속에 넣어 태우면 아찔할 만큼 밝은 빛을 내면서 탑니다. 또 칼륨은 얼음 위에서도 타오르는데, 그러다가 결국 얼음에 구멍을 내 버린답니다. 또 칼륨은 알칼리성을 띠므로 붉은 리트머스 시험지를 대면 푸른색으로 변합니다.

이렇게 활발한 성질을 가진 칼륨 금속을 어디에 두어야 안전하게 보관할 수 있을까요? 바로 등유입니다. 칼륨은 등유에는 아무 관심 없는 듯, 등유 속에서 은색의 빛을 내면서 아주 얌전하게 있으니까요.

캐러멜같이 연한 칼륨

칼륨은 물을 만나면 불타고, 공기를 만나면 눈 깜박할 사이에 녹슬어 버립니다. 이렇게 활발한 성질을 가진 칼륨은 아주 연하답니다. 칼륨은 물러서 칼로 간단히 잘라 낼 수 있습니다. 칼륨을 칼로 베면 마치 캐러멜을 자르는 것과 비슷한 느낌이 듭니다.

보통의 금속과는 조금 다른 성질을 가진 칼륨은 물에 뜰 만큼 가볍습니다. 우리가 잘 아는 금속인 금이나 수은은 칼륨보다 거의 5배 정도 무겁고, 철은 칼륨보다 1.4배 정도 무겁지요.

> 금속인데 마치 캐러멜같이 연하네~

칼륨

칼륨을 수은에 녹이면 아말감이라는 것이 만들어집니다. 아말감은 부드러운 풀 상태의 금속 고체이지요. 치과에서 사용되는 아말감은 주석을 섞은 아말감이랍니다.

사람 몸에도 꼭 필요한 칼륨

칼륨은 식물 비료의 3대 요소의 하나입니다. 담배, 아마, 대마 등의 줄기에는 칼륨 성분이 많이 들어 있습니다. 퇴비, 나무 재에는 칼륨이 많이 들어 있으므로 아주 좋은 칼륨 비료랍니다. 사람의 몸에도 칼륨이 꼭 필요합니다. 사람 몸에는 135~250g의 칼륨이 포함되어 있습니다. 그 대부분은 세포액에 들어 있지요.

반대로 나트륨은 주로 혈액에 포함되어 있으며 혈액에서 나트륨의 양은 칼륨의 28배나 되지만, 세포액에서는 칼륨의 $\frac{1}{5}$밖에 되지 않습니다. 그리고 성인들에게는 나트륨보다 칼륨이 많이 포함되어 있으나, 태아에게는 나트륨이 더 많이 들어 있다고 합니다. 칼륨은 사람 몸 세포의 삼투압 조절과 신경 자극 전달에 있어서 활동 전위의 발생에 필요한 역할을 하고 있습니다.

노란빛을 내는 원자

노란 나트륨등

서울의 야경, 특히 한강변을 따라 흐르는 불빛의 잔치는 세계에서도 몇 번째 가는 아름다운 경치라고 합니다. 한강을 가로지르는 다리들의 불빛 장식은 그 아름다움을 더해 주고 있고요. 여기서는 밤거리에 없어서는 안 될 가로등 이야기를 해 보지요.

가로등의 역사는 고대 이집트나 로마 시대로 올라갑니다. 문 앞이나 목욕탕, 번화가 도로, 야간 경기장에 줄로 램프를 매단 것이 그 시초였다고 합니다. 16세기 파리에서는 범행을 방지하기 위해 길가에 있는 집의 창을 계속 밝혀 두도록 했답니다. 가로등의 광원으로는 가스등이나 백열등, 형광등, 수은등이 쓰였으나 근래에는 나트륨등이 많이 쓰입니다.

나트륨은 칼륨과 닮은 점이 무척 많습니다. 물에 던지면 튀어나가기도 하고, 물 위를 돌아다니다가 불꽃처럼 공중으로 튀어오르기도 하는 점이 그렇습니다. 은색의 광택을 내며 칼로 쉽게 베어 낼 수 있을 만큼 무른 나트륨은 공기와 접촉하면 재빨리 변하는 성질이 있지요.

나트륨의 성질 중에서 우리에게 유용하게 쓰이는 것은 바로 노란 불꽃을 내는 성질입니다. 나트륨 금속을 산에 넣으면 노란 불꽃을 내며 타며, 숯보다 잘 타는 것처럼 보입니다. 또 나트륨을 방전시키면 노란빛을 얻을 수 있습니다. 이 성질 덕분에 나트륨은 광원으로 쓰입니다. 나트륨 전등은 소비 전력의 50%를 빛으로 전환시킨다고 하니, 매우 효율 높은 광원이라고 할 수 있습니다.

원소마다 불꽃색이 다른 이유

칼륨을 방전시키면 보라색 빛이 나오고, 나트륨을 방전시키면 노란빛이 나옵니다. 왜 원소마다 방전할 때 나오는 색이 다를까요?

금속 원자를 태우거나 방전시키면, 금속 원자 내의 전자가 높은 에너지 상태로 되었다가 다시 낮은 에너지 상태가 되면서, 그 차이만큼의 에너지가 빛의 형태로 방출됩니다. 높은 에너지 상태의 전자 배치를 들뜬 상태라고 하지요. 빛은 파장에 따라 우리 눈에 보이기도 하고, 보이지 않기도 하지요. 눈에 보이는 빛을 가시광선이라 한답니다. 빨강, 주황, 노랑 등의 색을 볼 수 있는 무지개가 좋은 예이고요.

금속 원소를 태우거나 방전시킬 때 나오는 빛은 무지개처럼 연속적이 아니라, 띄엄띄엄 밝은 선을 보이는 빛이랍니다. 원소마다 불꽃색이 다른 이유는 이 밝은 선이 나타나는 부분이 서로 다르기 때문입니다. 원소마다 원자 내의 전자 배치가 다르므로, 가장 세게 방출되는 빛의 파장도 달라지는 것이지요. 칼륨의 경우는 보라색에 해당하는 파장의 빛이 가장 세게 나오고, 나트륨의 경우는 노란 파장의 빛이 가장 세게 나옵니다. 그래서 우리 눈에는 칼륨의 불꽃색이 보라색으로, 나트륨의 불꽃색이 노란색으로 보이는 것이지요.

바닷물을 닮은 태아의 조직액

나트륨의 대부분은 바닷물에 들어 있습니다. 바닷물에는 나트륨이 칼륨보다 약 40배나 많이 포함되어 있지요. 또 나트륨은 지각에 2.5% 정도 포함되어 있으니 육지에도 적지 않게 존재하고요. 이 나트륨은 사람의 몸속에도 들어 있답니다.

태아의 조직액에는 나트륨과 칼륨이 바닷물과 같은 비율, 즉 나트륨이 칼륨보다 40배 정도 많이 들어 있다고 합니다. 반면에 성인의 세포액에는 칼륨이 나트륨보다 5배 정도 많이 들어 있고, 성인의 혈액에는 나트륨이 칼륨보다 28배 정도 많이 들어 있다고 합니다.

태아에서 성인으로 되는 과정에서 일어나는 세포액 성분의 변화는 마치 바다 동물이 인간으로 진화하는 과정의 변화와 비슷하게 생각됩니다. 신기하지요. 그래서 사람이 바다에서 살던 동물로부터 수억 년 동안 진화하여 생겨났다는 견해를 내놓는 학자도 있다고 합니다.

고체를 섞었는데 액체가 되는 합금

또 하나 재미있는 것은, 보통의 온도에서 나트륨과 칼륨은 모두 고체 상태이지만 나트륨을 76%, 칼륨을 24% 섞은 합금은 액체라고 합니다. 그리고 이 액체는 유기 합성 촉매나 냉각제에 쓰이지요. 고체를 섞었더니 액체가 만들어진 셈입니다.

나트륨 화합물 중 유용한 것은 소다(soda)라고 부르는 탄산나트륨입니다. 소다는 옛날부터 이용되어 왔습니다. 이집트에서는 약 5천 년 전에 이미 유리를 만들었는데, 이때 소다를 이용하였지요. 그래서 나트륨을 소디움(sodium)이라고도 한답니다.

우아, 바다에는 물이 진짜 많아요.

그건 물을 낳는 원소 때문이에요.

네? 원소가 물을 낳는다고요?

하하하, 그건 수소를 일컫는 말이지요.

수소는 우주에 가장 많이 존재하는 원소로 산소와 화합하여 거의 물로 존재해요. 지구 표면의 70%가 물로 덮여 있으니까 수소는 지구에서도 가장 많이 존재하는 원소이지요.

수소는 약 150억 년 전 빅뱅 우주에서 태어난 가장 오래된 원소예요. 우주 나이가 3분일 때 수소와 헬륨의 질량은 3:1 정도였는데, 이 비율은 지금도 비슷하지요.

수소가 정말 많네요.

특히 수소는 생체에 중요한 모든 화합물에 빠짐없이 들어 있는 핵심적인 원소이지요.

그렇군요.

라부아지에는 1783년 수소를 얻는 데 성공했고, 수소를 연소시키면 물이 생기는 것도 밝혀냈어요. 수소를 하이드로젠이라 하는데, 이것은 '물을 낳는다'는 뜻을 가진 말이죠.

물 = 하이드로(hydro)

낳는다 = 젠(gen)

이름이 정말 딱이네요!

탄소 형제와
산소 형제

한 가족 내의 형제들도 성격이 제각각이지요.
그러면 탄소 형제들과 산소 형제들의 정체를 알아봅시다.

10

탄소 형제와 산소 형제

교. 고등 화학 II   2. 물질의 구조

과.

연.

계.

돌턴이 탄소에 대해 이야기하며
열 번째 수업을 시작했다.

탄소 형제들

인류가 탄소를 알게 된 것은 아주 오래전의 일입니다. 불을 피운 뒤에 숯덩이가 남는 것을 본 이래로 탄소를 알게 되었지요. 그리고 계속 탄소와 함께 살아왔다고 할 수 있습니다. 지각에서 탄소가 차지하는 비율은 0.14%에 지나지 않지만, 탄소 화합물은 지구 위에 아주 많이 분포되어 있습니다. 왜냐하면 탄소는 거의 모든 원소와 화합할 수 있을 뿐만 아니라, 탄소 서로간에도 매우 복잡하게 결합하기 때문이지요.

생물의 역사는 탄소의 역사

최초의 생명체였던 코아세르베이트*로부터 긴 세월을 두고 서로 다른 조건과 환경에서 발전하여 오늘에 이른 생물체 발전의 역사는 다양하게 변화하면서 발전한 유기 화합물의 역사이기도 합니다. 탄소를 제외한 모든 원소들의 화합물의 수가 약 5만 가지 정도인데, 탄소 화합물의 종류는 무려 200만 가지를 넘는다고 합니다. 가장 단순한 유기 화합물부터 가장 복잡한 단백질에 이르기까지, 또 현미경으로 보기 어려운 미생물부터 거대한 공룡, 그리고 사람에 이르기까지 모두 탄소 사슬을 주축으로 이루어져 있습니다.

탄소 가족의 큰형 다이아몬드

이제 탄소 형제에 대해 이야기해 보지요. 탄소는 자연계에 순수한 상태로 존재하기도 합니다. 그중의 하나가 바로 다이아몬드, 즉 금강석입니다. 단단하기로 유명한 돌이지요. 자연에서 다이아몬드보다 더 단단한 물질을 찾기 어렵습니다.

다이아몬드는 오랫동안 정체 모를 수수께끼의 돌이었다고 합니다. 처음에는 수정이라고도 생각했으니까요. 희고 맑으

---

* 코아세르베이트 : 원시 바닷속에서 생겨난 단백질, 핵산, 당류 등의 액체 상태의 화합물이 콜로이드 상태를 이루면서 막에 싸여 만들어진 유기물 복합체.

며 투명한 성질이 서로 비슷하지요.

작은 다이아몬드를 여러 개 녹이면 큰 다이아몬드를 만들 수 있을까요? 그럴 것이라고 생각한 사람들이 작은 다이아몬드를 높은 온도로 가열하였더니, 처음에는 다이아몬드의 표면이 흐려지고 점차 뿌얀 연기가 생기더니 다이아몬드가 놓였던 자리에는 아무것도 남지 않게 되었답니다.

라부아지에는 다이아몬드를 태울 때 생기는 기체가 이산화탄소라는 것을 밝혔습니다. 숯이 탈 때 생기는 기체와 같다는 것이지요. 이 실험 결과, 다이아몬드는 탄소 결정체라는 것이 세상에 알려지게 되었답니다. 탄소가 땅 속 깊은 곳에서 높은 압력과 온도에 의해 천천히 결정체로 된 것이 바로 다이아몬드입니다.

단단하며 강한 산에도 녹지 않는 다이아몬드는 정밀 기계 공업에 많이 쓰입니다. 단단한 물질을 자르거나 구멍을 뚫는 데 다이아몬드보다 나은 것이 없지요. 또 다이아몬드는 열을 잘 전달하며, 마찰시키면 전기를 띱니다. 그리고 공기를 없애고 $2,500\,°C$ 정도로 다이아몬드를 가열하면 새카만 흑연으로 변해 버린답니다.

탄소 가족의 작은형 흑연

탄소 가족에는 빛나는 다이아몬드만 있는 것이 아니라, 검은색의 금속 광택을 내는 흑연도 있습니다. 흑연이라는 이름은 '검은 납'이라는 뜻인데, 흑연을 처음 발견했을 때 거기에 납이 있을 것이라고 생각했기 때문에 붙여진 것입니다.

흑연은 무르기 때문에 종이에 글씨를 쓸 수 있습니다. 우리가 쓰는 연필심의 주성분이 바로 흑연이랍니다. 단단한 다이아몬드와는 아주 다르지요.

흑연의 녹는점은 $3,700 \sim 4,300℃$이며, 아주 높은 온도에서도 안정하여 다른 물질과 잘 반응하지 않습니다. 그래서 높은 온도로 가열해야 하는 전기로의 전극에 쓰이지요. 그러나 공기 중에서 가열하면 $500 \sim 600℃$ 정도에서 불이 붙습니다. 그리고 흑연은 전기를 잘 통합니다. 흑연이 전기를 잘 통하는 도체인 까닭은 흑연 결정 내에서 결합에 쓰이지 않는 π 전자가 자유로이 돌아다니기 때문입니다.

근래 들어 흑연은 대단히 중요한 곳에 쓰이고 있습니다. 바로 원자로입니다. 탄소 원자는 중성자의 흡수가 적고 가벼워서 중성자를 능률적으로 감속시키는 성질을 가지고 있답니다. 그래서 중수 다음으로 좋은 감속재이며, 원자로의 감속재, 반사재 및 연료체와 노심 구조재로 쓰입니다. 페르미

(Enrico Fermi, 1901~1954)가 만든 세계 최초의 원자로에서도 감속재로 흑연 블록이 사용되었답니다.

탄소 가족의 막내둥이 숯

숯은 탄소 가족의 막내입니다. 탄소 가족의 큰형과 작은형은 결정체이지만, 막내둥이 숯은 비결정체입니다. 결정체란 원자들의 배열이 규칙적인 고체를 가리키는 말이고, 비결정체란 원자들의 배열이 규칙적이지 않은 고체를 가리키는 말이지요.

나무를 열분해하면 숯을 얻을 수 있는데, 이 과정을 탄화 과정이라 합니다. 탄화 과정을 거친 숯의 표면에는 작은 구멍들이 많이 있습니다. 이 작은 구멍들 덕분에 숯은 여러 가지 물질을 잘 빨아들이는 성질, 즉 흡착성을 가집니다. 그래서 간장독에 숯을 넣어 두면 불쾌한 냄새나 세균을 없앨 수 있답니다. 맛있는 간장을 먹을 수 있게 해 주는 숯의 힘이지요.

숯을 600~900℃ 정도로 다시 가열하면 활성화 과정을 거쳐 숯 표면의 구멍 수가 훨씬 많아지는데, 이것을 활성탄이라고 합니다. 표면에 있는 수많은 구멍들은 숯의 표면적을 대단히 넓게 해 줍니다. 숯 1g의 전체 표면적이 거의 250m² 정도라고 하니, 정말 굉장히 넓군요. 활성탄은 표면적이 넓기 때문에 다른 물질을 흡수하는 힘도 훨씬 더 크답니다.

무엇이 같고, 무엇이 다를까?

탄소의 형제들은 무엇이 서로 같고, 무엇이 서로 다를까? 같은 점은 모두가 탄소 원소로 이루어져 있다는 것입니다. 다른 점은 서로 다른 구조를 가지고 있다는 것이지요.

맏형 다이아몬드는 1개의 탄소 원자에 4개의 탄소 원자가 아주 단단하게 결합하고 있는 거대한 그물 구조를 하고 있습니다. 둘째형 흑연은 1개의 탄소 원자에 3개의 탄소 원자가 단단하게 결합한 평면 육각형이 층을 이루고, 이런 층과 층 사이의 약한 결합으로 인해 전자가 흐를 수 있는 구조를 하고 있습니다. 반면에, 막내둥이 숯은 원자들의 배열이 일정하지 않은 비결정이고요.

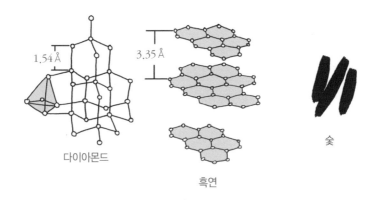

다이아몬드   흑연   숯

이렇게 같은 원소이면서도 서로 다른 구조를 가지고 있는 경우를 동소체라고 합니다. 그러니까 다이아몬드와 흑연, 숯은 동소체입니다.

축구공 모양의 탄소 분자

1985년 이전까지만 해도 탄소 가족에는 큰형 다이아몬드, 작은형 흑연, 막내둥이 숯만 있는 줄 알았습니다. 그런데 1985년 미국 라이스 대학의 스몰리(Richard Smalley, 1943~2005)와 영국 석세스 대학의 크로토(Harold Kroto, 1939~) 그리고 컬(Robert Curl, 1933~)이라는 교수가 탄소 60개로 이루어진 분자를 처음 분리해 낸 후, 풀러렌이라는 새로운 탄소 형제가 탄생하게 되었습니다.

건축물에서 얻은 영감

스몰리 교수는 분리해 낸 새로운 탄소 분자의 구조를 몰라 밤잠을 설치다가 실제로 종이를 육각형과 오각형 모양으로 오려 붙이다가 축구공 모양을 만들어 냈고, 그 60개의 꼭짓점에 각각 한 개의 탄소 원자를 배열함으로써 드디어 그 구조

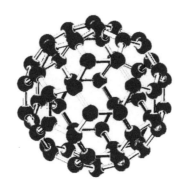

를 밝혔습니다. 12개의 오각형과 20개의 육각형으로 되어 있으며, 각각의 오각형이 완벽하게 육각형에게 둘러싸인 축구공 모양의 탄소 분자가 새롭게 탄생하는 순간이었지요.

스몰리 교수의 상상력에 영감을 준 것은 미국의 건축가 벅민스터 풀러가 설계한 육각형과 오각형이 섞인 둥근 돔 모양의 구조물이었다고 합니다. 그래서 새로 발견한 C_{60}을 건축가의 이름을 따 풀러렌 또는 버키볼이라 부릅니다.

다이아몬드는 탄소 원자들이 작은 피라미드 구조를 이루며 그물처럼 엮인 모양을 하고 있고, 흑연은 탄소 원자들이 타일처럼 평평한 육각형을 이루고 있는 데 비해, 새로 태어난 풀러렌은 탄소 원자들이 축구공 모양을 이루고 있습니다. 탄소 형제가 하나 더 탄생한 셈입니다.

암 치료에 쓰이는 풀러렌

풀러렌은 가장 강력하고 수명이 긴 산화 방지제입니다. 이 성질을 이용하여 제조한 약품은 화농성, 바이러스성, 알레르기성 질환 및 천식, 감기, 불임, 화상, 궤양 등 일반적으로 잘 치료되지 않는 모든 질병 치료에 매우 큰 도움을 줍니다. 최근의 실험 결과에 의하면 동맥 경화증의 발생을 억제하거나 진전을 막는 것으로 나타났다고 합니다.

그뿐 아닙니다. 앞으로는 풀러렌에 방사성 원자를 다져 넣어 암도 치료하고 질병도 진단할 수 있을 것으로 예상하고 있습니다. 풀러렌은 너무나 단단해서 방사선이 새어 나가지 못하기 때문에 정상적인 조직에는 해를 주지 않는답니다.

1993년 우크라이나의 그리고리 박사는 풀러렌의 약효 성분이 물속에서 더욱 강화된다는 것을 알아내고, 그 후 풀러렌 수용액을 이용한 암 치료 연구를 수행하였습니다. 연구에서 극소량의 풀러렌 수용액을 암에 걸린 쥐에게 주입하였더니, 종양의 성장이 30~70% 정도 지연되었고 완쾌한 쥐의 수명이 2배 정도 늘어났다고 합니다.

과학계에서는 앞으로 풀러렌에 대해 밝혀질 것이 대단히 많을 것으로 예상하고 있으며, 심지어는 풀러렌을 화학, 물리학, 생물학, 의학 및 지구 생명체의 기원까지 하나로 뭉쳐

있는 수수께끼의 물질로 생각하는 과학자가 있을 정도라고 합니다.

신소재로 인기를 모으는 풀러렌

풀러렌은 탄소 32개짜리에서 300개짜리까지 다양하게 만들어지고 있습니다. 가장 흔한 것은 C_{60}으로 탄소 60개가 모여 있는 것이며, C_{70}이나 C_{84} 풀러렌도 계속 연구 중이라고 합니다.

지금까지 밝혀진 풀러렌의 특성은 튼튼하고 질기며, 매우 안정하여 방사능과 화학 부식에 대한 저항력이 크다는 것입니다. 이 새로운 탄소 형제는 전자를 대단히 잘 받아들이지만 또 미련 없이 전자를 내놓기도 합니다. 전자를 잘 주고받는다는 것은 넓은 분야에서 많은 응용이 가능하다는 것을 뜻하지요.

풀러렌이 관심의 대상이 되는 이유는 그 안에 금속 원자를 넣을 수도 있고, 다른 물질을 붙여 유도체도 만들 수 있으며, 그리하여 초전도 현상이나 AIDS 퇴치 효과가 있는 등의 의미 있는 연구들을 할 수 있기 때문입니다. 그래서 풀러렌 발견 초기에는 의약 성분의 저장 및 체내 운반체 등으로 이용하려는 연구가 가장 활발했지요.

최근에 더 큰 가능성을 보이는 분야는 풀러렌에 여러 금속 원자를 섞어 도체나 초전도체로 이용하거나, 수많은 풀러렌을 서로 연결해 새로운 섬유, 촉매, 센서 등에 사용하는 것입니다. 풀러렌의 미세한 구조 덕분에 조그만 양으로도 매우 예민한 반응을 보여 줄 수 있기 때문이랍니다.

21세기 초반에 등장할 마이크로 모터에는 풀러렌으로 만든 볼 베어링이 들어갈 것이며, 풀러렌을 사용한 깃털처럼 가벼운 배터리도 선을 보일 것입니다. 또 풀러렌을 사용하면 전기 손실이 전혀 없는 초전도 전선과 태양 전지도 만들 수 있다고 합니다.

또 다른 발견, 탄소 나노 튜브

1991년, 일본 전기 회사 부설 연구소의 이이지마 스미오 박사는 탄소 덩어리를 분석하면서 여러 가지로 변형된 풀러렌을 고성능 전자 현미경을 통해 관찰하던 중, 가늘고 긴 튜브 모양의 탄소 구조를 발견하게 되었습니다. 그는 이 구조를 탄소 나노 튜브라고 불렀는데, 나노 튜브라고 부른 이유는 튜브의 지름이 1nm 정도로 극히 작기 때문이었습니다.

탄소 나노 튜브는 하나의 탄소 원자가 3개의 다른 탄소 원자와 결합되어 있으며, 전체적으로는 탄소 원자가 육각형 벌

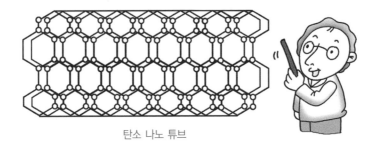

탄소 나노 튜브

집 무늬를 이루고 있습니다. 종이 위에 육각형 벌집 무늬를 그린 후 종이를 둥글게 말면 나노 튜브 구조가 됩니다.

　가늘고 긴 섬유 모양의 탄소 나노 튜브는 강도가 강철보다 100배나 강하고 유연성도 매우 뛰어난 미래형 신소재로 인기를 모으고 있습니다. 특히, 극소형 트랜지스터나 초강력 섬유에는 가늘고 긴 선 모양을 한 탄소 나노 튜브가 다른 어떤 소재보다도 유용하답니다.

'불의 공기' 산소와 '냄새나는' 오존도 형제지간

　우리는 매일 보통의 상태에서 8,000L 정도의 공기를 호흡합니다. 호흡은 음식물을 연소시켜 에너지를 방출하는 데 필요한 산소를 공급하고, 생명 활동의 폐기물인 이산화탄소를 배출하는 활동이지요. 산소는 보통의 온도에서 색깔도, 냄새도 없는 기체입니다. 그리고 반응성이 매우 커서 비활성 기체를 제외한 거의 모든 원소와 화합물을 만듭니다. 물론 산소가 없으면 지구상의 모든 동물과 식물은 생명을 유지할 수 없고요.

같은 원소, 다른 분자

대기 중에 있는 산소의 일부는 번개나 강한 자외선에 의해 오존 기체로 됩니다. 그래서 자외선이 많이 내리쬐는 해안이나 삼림 지역의 공기 중에 비교적 많이 들어 있지요. 해안이나 숲 속에서 상쾌함을 느낄 수 있는 것은 오존 덕분이기도 합니다. 오존 기체는 산소 기체와는 달리 푸른빛을 띠며 독특하고 강한 냄새를 풍깁니다.

그런데 산소와 오존이 형제지간이라니, 무슨 까닭일까요? 그 이유는 같은 원소로 이루어져 있기 때문이지요. 산소 기체는 2개의 산소 원자로 이루어져 있으며, 오존 기체는 3개의 산소 원자로 이루어져 있답니다. 즉 같은 원소로 이루어져 있으면서, 분자식이 서로 다른 동소체

우리는 형제지간~

산소(O_2)   오존(O_3)

입니다.

발견되었지만 인정받지 못한 산소

‘불의 공기’라는 별명을 가진 산소. 이것은 바로 스웨덴의 화학자 셸레(Karl Scheele, 1742~1786)가 붙인 이름이랍니다. 1772년, 셸레는 잘게 부순 연망간석을 진한 황산에 녹이고 가열하여 처음으로 산소 기체를 발견하였습니다. 비슷한 시기인 1774년, 프리스틀리는 볼록 렌즈로 태양 광선을 모아 산화수은에 쬐고 산소 기체를 모았습니다.

그러나 두 사람 모두 플로지스톤설을 굳게 믿고 있었기 때문에 자신들이 발견한 새로운 기체도 플로지스톤과 연결하여 생각하기만 했습니다. 셸레는 자신이 발견한 기체가 보통의 공기보다 연소를 더 잘 돕는다는 것을 알고, ‘불의 공기’라는 이름을 붙였습니다. 프리스틀리 역시 자신이 발견한 기체가 보통의 공기와는 성질이 다르다는 의미에서 ‘탈플로지스톤 공기’라는 이름을 붙였습니다. 플로지스톤이 빠져나간 공기라는 뜻이지요.

셸레와 프리스틀리는 자신들이 발견한 기체가 그때까지 밝혀진 적이 없는 새로운 기체였음에도 그 기체에 대하여 어떤 새로운 이론도 만들어 내지 못했습니다. 그러나 프랑스의 라부아지에는 이 새로운 발견을 그냥 스쳐 지나가지 않았습니다.

산소의 진정한 발견자는 라부아지에

라부아지에는 자신이 평소 궁금해하던 기체가 곧 프리스틀리가 발견한 기체라는 사실을 알고 이 기체의 구체적인 성질을 밝혀내기 시작했습니다. 그는 프리스틀리의 실험과는 반대로 밀폐 용기에서 공기와 함께 수은을 가열하여 산화수은을 만들고, 공기가 줄어드는 상태를 조사한 뒤 다시 산화수은을 가열해서 산소를 얻었습니다. 그리고 플로지스톤설과 정면으로 대립되는 새로운 연소설을 주장했지요.

라부아지에는 이 새로운 기체 속에서 연소한 물질들은 신맛이 나는 산의 성질을 가지게 된다는 것을 알아내고, 이 기체에 '산소'라는 이름을 붙였습니다. 산소를 'oxygen'이라고 하는데, 'oxy'는 '신맛이 있는'이라는 뜻이고 'gen'은 '생기다'라는 뜻입니다.

세탁에도 이용되는 산소

하얗고 깨끗하게 세탁된 옷은 상쾌함을 줍니다. 그래서 근래에는 세제와 함께 표백제를 넣고 세탁하는 경우가 많습니다. 이때 널리 쓰이는 것이 바로 산소계 표백제입니다. 과탄산나트륨 등의 산소계 표백제는 발생기* 산소 원자를 내놓는 물질입니다.

　여기서 만들어지는 수조억 개의 발생기 산소에 의해 표백, 살균 작용이 이루어진답니다. 발생기 산소, 즉 원자 상태의 산소는 굉장히 반응성이 커서 거의 대부분의 물질을 산화시키는 힘을 가지고 있습니다. 그래서 얼룩을 하얗게 만들 수도 있고, 균을 죽일 수도 있는 것이지요.

오존의 두 얼굴

　오존은 자연적으로 대기 중에 소량 존재합니다. 산소가 자외선을 받아 오존으로 되기 때문이지요. 오존의 살균력은 우리들의 일상생활에 도움을 줍니다. 성층권의 오존은 지구 지킴이 역할을 하고요. 그런데 오존이 우리 피부에 직접 닿으면 독성을 나타낸답니다. 여기서는 오존의 두 얼굴에 대해 알아보지요.

---

*발생기 : 어떤 원자가 화합물로부터 떨어져 나가는 순간, 높은 에너지를 가진 유리 원자나 라디칼 형을 하고 있으면서 화학적으로 매우 큰 반응성을 가지는 상태.

많을수록 좋은 오존

'냄새나는' 오존은 우리에게 좋은 일을 하기도 하고, 나쁜 일을 하기도 합니다. 오존을 영어로 'ozone'이라고 하는데, 이것은 '냄새나다'라는 뜻을 가진 그리스 어 'ozein'에서 유래한 것입니다. 오존의 특유한 냄새 때문에 붙은 이름이지요.

오존이 하는 좋은 일이란 무엇일까요? 성층권*에서 자외선을 막아 주는 파수병 역할을 해 주는 것이지요. 대기 중에 있는 전체 오존의 90%는 성층권에 있고, 나머지 10%는 대류권에 있습니다. 특히, 성층권 내에서도 고도 25km 부근에 오존이 밀집되어 있는데, 이것을 오존층이라고 합니다.

오존층의 오존 농도는 지표의 250배 정도인데, 이 오존층이 태양의 강렬한 자외선을 막아 주는 덕분에 지구에 있는 생물들이 살아갈 수 있습니다. 오존은 320nm 이하의 짧은 파

＊ 성층권 : 대류권 상층부에서 시작하여 고도 50km 정도에 이르는 안정한 대기층. 성층권에서는 위로 올라갈수록 기온이 상승하며, 주로 분자 확산에 의해 기체의 이동이 이루어짐.

장을 가진 자외선을 흡수하는 능력이 아주 크답니다. 만약 높은 에너지를 가진 자외선이 오존층에 의해 걸러지지 않고 모두 다 쏟아져 들어오면 사람들은 피부암, 백내장 같은 질병에 걸리고, 식물들은 말라 죽어 버릴 것입니다. 이제 오존층을 보호해야 하는 이유를 아시겠지요? 성층권의 오존층에는 오존이 많을수록 좋으니까요.

오존은 무조건 좋을까?

보통의 온도에서 오존은 서서히 분해되어 산소 기체로 됩니다. 그리고 오존 역시 산화력이 커서 산화제, 살균제로 쓰이고요. 근래 들어 방전 현상을 이용하는 오존 발생기를 사용하는 곳이 많아졌는데, 바로 오존이 세균과 바이러스를 제거하기 때문이지요. 이 장치를 이용하여 공기를 깨끗하게 하기도 하고, 수돗물을 살균하기도 합니다.

그런데 오존은 반응성이 너무 커서 오존을 직접 들이마시면 호흡기 조직이 상할 수 있습니다. 장시간 흡입하면 중독을 일으킬 수도 있고요. 오존 발생기 앞에 코를 들이대거나, 환기가 잘 안 되는 공간에서 오랫동안 오존 발생 장치를 켜 놓는 것은 좋지 않겠지요.

여기서 중요한 것은 대기 중의 오존은 적절한 농도를 유지해야 한다는 것입니다. 그렇다면 염려 없습니다. 자연 상태에서 오존은 산소로 분해되므로, 오존 발생기에서 나온 오존도 제 할 일을 하고는 곧 사라져 버리니까요.

적을수록 좋은 오존

오존은 틈만 나면 주변의 물질을 공격하는 불안정한 분자입니다. 그래서 때때로 사람에게 매우 위협적인 일을 하기도 하지요. 햇살이 따가운 여름철에 특히 그렇답니다. 강렬한 태양빛 아래에서는 대기 중에 오존이 많이 만들어집니다. 자외선이 공기 중의 산소 분자에 주변의 산소 원자를 하나 더 붙여 오존으로 만들어 버리니까요. 자동차가 많이 다니는 곳에서는 더욱 심합니다.

자외선이 많이 내리쬐는 곳에서는 자동차의 배기가스에 있는 산화질소 등에서 산소 원자가 떨어져 나오기도 하고, 주변의 산소 분자로부터 산소 원자가 떨어져 나오기도 합니다. 산소 원자는 곧 다른 산소 분자와 결합하여 오존 분자로 되거나, 공기 중의 유기물을 산화시켜 과산화물을 만든답니다. 그리고 이런 과산화물들이 서로 엉긴 것을 광화학 스모그라고 합니다. 광화학 스모그는 인체에 해로운 작용을 합니다. 오존의 농도가 높아지면 기침, 두통, 피로감을 유발할 수 있으며, 특히 호흡기 감염을 염려해야 한답니다. 그래서 대기 중의 오존 농도가 0.12ppm이 되면 오존 주의보를 내리고, 0.3ppm이 되면 오존 경보령을 내려 실외 활동을 제한합니다.

그러니까 성층권의 오존층에는 오존이 많을수록 좋지만, 우리가 사는 지표 가까이에서는 오존이 적을수록 좋은 셈입니다. 결국, 오존은 많아도 곤란하고 적어도 곤란한 존재랍니다.

지구상의 오존을 모두 모으면

성층권의 오존을 1기압, 0℃ 상태로 전부 모으면 얼마나 될까요? 위도나 계절에 따라 약간 차이가 있지만 지상 상태에서 평균 3mm 두께밖에 되지 않는다고 합니다. 대류권에 있는 오존은 성층권에 있는 오존의 $\frac{1}{10}$ 정도에 지나지 않지요.

대기 전체를 이와 같은 상태로 모으면 지상에서 약 8km나 된다고 하니, 오존의 양은 대기 전체의 $\frac{1}{1,000,000}$도 되지 않는답니다.

선생님, 숯불갈비는 언제 먹어도 맛있어요.

천천히 먹어요.

삼겹살 왕갈비 영양갈비

인류는 이 숯덩이를 보고 탄소를 알게 되었지요. 그리고 계속 탄소와 함께 살아왔다고 할 수 있어요.

왜요? 옛날에도 숯불구이가 있었나요?

지각에서 탄소가 차지하는 비율은 0.14% 정도지만, 탄소 화합물은 지구상에 아주 많이 분포해요. 미생물부터 사람에 이르기까지 모두 탄소 사슬을 주축으로 이루어져 있거든요.

탄소 사슬

숯은 탄소 가족의 가장 막내예요. 큰형 다이아몬드와 작은형 흑연도 탄소로 이루어져 있지요. 같은 원소이면서도 서로 다른 구조의 물질을 동소체라고 해요.

다이아몬드 흑연 숯

동소체

숯과 다이아몬드가 동소체라는 게 신기하네요.

다이아몬드는 아주 단단한 돌이지요. 탄소가 땅속 깊은 곳에서 높은 압력과 온도에 의해 결정체로 된 것이 바로 다이아몬드예요.

압력 압력

다이아몬드

그에 비해 숯은 비결정체지요. 원자들의 배열이 규칙적인 고체는 결정체, 그렇지 않은 것은 비결정체랍니다.

새삼스레 숯덩이가 새롭게 보이는데요.

활발한 할로겐 가족

충치 예방에 쓰이는 플루오르와 수돗물 소독에 쓰이는 염소는 할로겐 가족입니다.
알고 보면 우리 주변에서 무척 많이 쓰이고 있는 할로겐에 대해 알아봅시다.

11

열한 번째 수업

활발한 할로겐 가족

돌턴이 플루오르의 정체를 물어보며
열한 번째 수업을 시작했다.

치약 속의 플루오르

치아를 깨끗하게 유지하도록 도와주는 치약의 구성 성분 중 플루오르는 충치 예방에 큰 역할을 하고 있습니다. 과연 플루오르의 정체는 무엇일까요?

사람의 몸에도 플루오르가?

보통 상태에서 플루오르는 공기보다 약간 무거운 연녹황색 기체이며, 자극적인 냄새가 납니다. $-188℃$ 이하에서 액체로 변하고, -220℃ 이하에서는 고체로 되지요. 플루오르의 주요 원천은 형석이나 빙정석입니다.

플루오르는 '흐르다'는 뜻을 가진 라틴어 'fluo'에서 유래되었는데, 중세 야금공들이 형석을 융제로 써서 광석을 쉽게 녹도록 했기 때문에 붙여진 이름이라고 합니다.

사람의 뼈와 치아에도 플루오르가 들어 있습니다. 그래서 땅속에서 출토된 사람이나 동물의 뼈에 들어 있는 플루오르 함유량을 통해 그 연대를 측정할 수 있답니다.

혼자 있기 싫어하는 플루오르

플루오르는 1529년부터 그 존재가 알려졌으나, 1886년에 이르러서야 프랑스의 화학자 무아상(Henri Moissan, 1852~1907)에 의해 처음 홑원소 물질로 분리되었습니다. 무려 350년이 지나서야 플루오르를 얻을 수 있었던 것이지요. 플루오르의 반응성이 그만큼 컸기 때문이랍니다.

플루오르는 반응성이 대단히 커서 거의 모든 금속과 반응하며, -252℃라는 아주 낮은 온도에서도 수소와 폭발적으로 반응할 정도랍니다. 화학에서 반응성이 크다는 것은 다른 원소와 화합하기를 좋아한다는 뜻이지요. 플루오르는 거의 언제나 화합물로 존재하며, 혼자 있기를 싫어합니다.

플루오르가 혼자 있기 싫어하는 이유

원자 속의 전자는 오비탈이라는 궤도 함수 공간을 돌아다닙니다. 플루오르 원자는 9개의 전자를 가지고 있지요. 그런데 9개의 전자를 궤도 함수에 넣은 상태는 10개의 전자를 넣은 것보다 훨씬 불안정하므로 플루오르 원자는 기회만 있으면 다른 곳에서 전자 1개를 빼앗아 오려고 합니다.

플루오르는 다른 원자로부터 전자를 빼앗아 오려는 성질이 가장 큰 원소입니다. 그러니까 어떤 물질이라도 플루오르 근처에 가면 전자를 빼앗기기 십상이지요. 혹시 다른 원자로부터 전자를 완전히 빼앗아 오지 못하는 경우에는 다른 원자와 전자를 적당히 나눠 가지는 방법을 택합니다. 이렇게 전자를 주고받거나, 나눠 가진다는 것은 바로 화학 반응을 일으킨다는 뜻이지요.

플루오르는 이렇게 못 말릴 정도로 전자를 좋아하기 때문에 거의 대부분의 물질과 반응을 일으킵니다. 반응하면서 전자를 가지려는 속셈이지요. 그 결과로 플루오르는 우리 생활에 유용한 화합물로 다시 태어납니다.

테플론이라는 물질은 가열해도 달라붙지 않는 플라스틱인데, 그 구성 성분이 염소와 플루오르입니다. 프라이팬이나 냄비 안쪽 면에 테플론을 발라두면 음식물이 달라붙는 것을 막을 수 있지요.

가정용 냉장고에도 플루오르가 쓰입니다. 프레온이라 불리는 냉장고의 냉매 물질이 염소와 플루오르로 이루어져 있답니다. 또 플루오르와 수소가 화합한 플루오린화수소산은 유리를 녹이는 성질이 있어 유리 가공에 쓰입니다.

치아 지킴이 플루오르

이제 치약 이야기를 해 보지요. 치아는 탄산칼슘과 수산화인회석이라는 물질로 된 단단한 에나멜 층으로 덮여 있습니다. 그런데 치아에 남아 있던 음식물 찌꺼기의 당분이 박테리아에 의해서 분해되면서 산이 만들어지는데, 이 산은 에나멜 층을 손상시킵니다. 치아가 썩는다는 말이지요.

치약은 실리카, 알루미나 또는 탄산칼슘과 같은 물질을 곱게 만든 연마제에 세척제와 각종 식용 물감, 향료, 감미료를 혼합한 것입니다. 그런데 치약에 플루오르인산나트륨을 넣어 주면 소량의 플루오린화 이온이 만들어집니다. 플루오린화 이온은 에나멜 층의 수산화인회석의 수산기 자리에 끼어 들어 가서, 수산화인회석보다 더 단단한 플루오린화인회석을 만든답니다. 플루오린화인회석은 산에 잘 녹지 않아서, 충치 예방 효과가 무척 좋답니다.

이런 이유로, 선진국에서는 플루오린화 이온을 식수에 직접 넣기도 합니다. 수돗물에 1ppm 정도의 플루오린화 이온을 넣으면 충치 예방에 상당한 효과가 있다고 합니다. 그러나 농도가 4ppm 이상으로 높아지면 건강을 해칠 수 있습니다. 플루오르의 독성 때문이지요.

나는 치약 속에 조금 들어 있는 플루오르야~ 불소는 옛 이름이지~

치약

'녹색 공기' 염소

1648년, 독일의 화학자 글라우버(Johann Glauber, 1604~1670)는 젖은 소금을 숯과 함께 가열하여 약간의 기체를 얻고, 이 기체를 응축시켜 강산을 만들었습니다. 그는 이 강산을 '소금의 정액'이라 불렀다고 합니다. 그 후, 1772년 영국의 프리스틀리는 '소금의 정액'에 대해 더 연구하고 그것을 염산이라 불렀고요. 당시까지는 그 누구도 염산으로부터 염소를 분리해 내지 못했답니다. 염소는 반응성이 워낙 커서 분리된 상태로 혼자 존재하는 일이 없기 때문이지요.

염소의 탄생

1774년, 셸레는 염산을 이산화망간으로 산화시킬 때 황록색의 기체가 발생하는 것을 발견하였습니다. 아무도 하지 못했던 일, 즉 염소를 유리시키는 데 성공한 것이지요. 그는 이 기체가 자극성 냄새를 가지며, 탈색 작용을 하고, 물에 녹이면 산성을 나타내는 것을 알았습니다. 하지만 죽을 때까지 플로지스톤설을 굳게 믿었던 셸레는 이 기체 역시 새로운 원소로 인정하지 않고 '플로지스톤을 박탈당한 염산'이라 불렀답니다. 발견되었으나 인정받지 못했던 염소의 역사는 마치 산소 기체의 발견 역사와 비슷합니다.

그런데, 1810년에 이르러 영국의 화학자 데이비는 황록색의 기체인 '플로지스톤을 박탈당한 염산'이 새로운 원소라는 결론을 내리고, 황록색을 뜻하는 그리스어 'chloros'에서 이름을 따 클로린(chlorine)이라는 이름을 붙였습니다. '녹색 공기' 염소가 새로운 원소로 탄생하는 순간이었지요. 우리말 '염소'는 '식염의 성분'이라는 뜻에서 붙은 이름입니다. 식염은 소금(NaCl)을 가리키는 말이고요.

인체에서 염소가 하는 일

염소의 가장 중요한 화합물은 소금입니다. 동물에게 소금은 생리적으로 필요불가결한 것이지요. 소금은 체내 특히 혈액에 들어 있으며, 혈액 속의 나트륨 이온은 세포 속의 칼륨 이온과 균형을 이루어 삼투압 유지에 중요한 역할을 하고 있습니다. 건강한 사람의 혈액 속에는 0.9% 정도의 염분이 포함되어 있다고 합니다.

사람은 하루에 5g 정도의 소금을 먹는 것이 적당하다고 합니다. 1년 동안 먹는 소금의 양은 무려 1.8kg이나 된답니다. 그리고 사람 체중의 0.25%는 염소라고 합니다. 물론 염소는 소금을 통해 섭취된 것이지요. 염소 이온은 세포액과 혈액 중에서 수분 교환을 조절하거나 삼투압을 조절하는 중요한 역할을 하고 있습니다.

또 일부는 위산의 구성 성분인 염산으로서 위액과 함께 위에 분비됩니다. 위산은 단백질 소화 효소인 펩신의 활성화에 필요하며, 음식물 중의 불필요한 균류를 살균하여 장내에서 이로운 세균의 발육을 쉽게 하는 효과가 있습니다. 염소가 사람 몸에서 하는 일은 정말 중요하답니다.

집에서 염소수가 하는 일

염소는 보통의 압력과 온도에서 황록색을 띠며 자극적인 냄새가 나는 기체입니다. $-34\,℃$ 이하에서 액체로 되며, $-101\,℃$까지 내려가면 고체로 되고요. 염소 기체는 비교적 물에 잘 녹는데, 이것을 염소수라 합니다.

염소수에는 염산과 하이포아염소산이 생기는데, 바로 하이포아염소산 덕분에 표백, 살균 작용을 할 수 있습니다. 하이포아염소산에서는 발생기 산소, 즉 원자 상태의 산소가 나오기 때문이지요. 산소 원자는 반응성이 워낙 커서 어떤 것이든 산화시켜 버립니다. 그래서 살균도 되고, 표백도 된답니다.

우리 생활에서도 염소의 이런 성질을 이용하여 수돗물이나 수영장의 물을 살균·소독하기 위해 염소를 사용합니다. 그래서 오랜 기간 수영장을 다니면 물속에 든 염소 덕분에 수영복의 색이 탈색되지요. 염소는 물을 살균·소독하기도 하지만 다른 물질의 색을 빼앗아가 버리기도 하니까요.

집에서도 염소계 살균 표백제를 사용합니다. 소위 락스라고 부르는 제품은 차아염소산나트륨 수용액으로 소금이 많이 녹아 있는 혼합물입니다.

락스의 살균 소독, 표백 작용은 사용법을 제대로 지킬 때만 효과가 있습니다. 그렇지 않으면, 산화력이 크고 독성이 있

과학자의 비밀노트

하이포아염소산(차아염소산, HOCl)

산소산의 하나로 수용액으로만 존재하며, 빛이나 열에 의해 상당히 불안정하게 되어 산소 라디칼(발생기 산소)을 발생시킨다. 이 산소 라디칼에 의해 강한 산화성을 가지며, 용액 자체나 그 염은 표백·살균제, 소독제로 쓰인다. 진한 용액은 담황색을 띠며, 자극적인 냄새가 난다. 염소를 물에 녹인 염소수 중에 다음 반응의 평형 생성물로 존재한다.

$$Cl_2 + H_2O \rightleftharpoons HOCl + HCl$$

차아염소산나트륨(NaClO)

하이포아염소산의 염으로 고급 표백제, 산화제, 살균 소독제, 소화 장치, 염색, 탈색제, 탈취제, 섬유 표백, 상하수도의 처리, 식품 첨가제로 쓰인다.

는 염소 성분 때문에 큰 낭패를 볼 수 있습니다. 한 가지 예로, 락스로 은수저를 닦으면 수저의 표면이 검게 변해 버립니다. 락스 속의 염소 성분이 은과 반응하여 검은색의 침전을 만들기 때문이지요.

또 락스와 함께 염산이 들어 있는 세정제를 사용하면 매우 위험합니다. 락스, 즉 차아염소산나트륨이 염산과 반응하여 염소 기체를 만들어 내기 때문이지요. 염소 기체의 독성은 이미 이야기했지요. 사용법을 제대로 지킬 때만 우리에게 좋은 일을 해 주는 염소라는 것을 잊지 말아야 하겠지요.

독성이 있는 염소 기체

염소 기체는 대단히 자극적입니다. 이 기체를 마시면 가슴이 답답해지며 곧 숨이 막히지요. 염소 기체가 공기 중에 0.005% 정도 존재하면 점막이 상하고, 비염을 일으키며, 기침이 나옵니다. 만약 공기 중에 염소 기체가 0.01% 정도 포함되어 있으면 호흡 곤란과 함께 청색증*을 일으키고 죽게 되므로 직접 흡입하지 않도록 주의해야 합니다.

공기보다 약 2.5배 무거운 염소 기체는 제1차 세계 대전에서 독가스로 사용되기도 했습니다. 독일군이 강철 용기에 액체 염소를 넣어 두고, 바람이 부는 때를 이용해 용기를 터뜨리자 염소가 기체 상태로 되면서 구름처럼 퍼져 나갔답니다. 반대편에서 이 기체를 마신 사람들은 큰 피해를 보았고요.

염소를 포함한 독가스에는 포스겐*이라는 것도 있습니다. 일산화탄소와 염소 기체를 섞은 후 빛을 쬐면 포스겐이 만들어진답니다. '포스'는 '빛'을 의미하며 '겐'은 '생기다'는 뜻이

＊ 청색증 : 입술이나 피부 및 점막이 암청색을 띠는 상태를 말하며 치아노제라고도 함. 심폐질환 증상의 하나로 위독한 질환을 예고하는 지표가 됨.
＊ 포스겐 : 염화카르보닐, 화학식 $COCl_2$. 색이 없으며 자극성 냄새가 나는 강한 독성 기체.

므로, '빛을 쐬어 만들었다'는 의미로 지어진 이름입니다.

요오드가 녹말을 만나면

우연을 그냥 스쳐 지나가지 않는 사람은 대단히 중요한 것을 이룰 수 있습니다. 무슨 말이냐고요? 우연한 사건을 필연적으로 설명하려는 과정에서 많은 과학적 발견이 이루어졌기 때문이지요. 요오드의 발견도 그러합니다.

1811년, 프랑스의 화약 기술자였던 쿠르투아(Bernard Courtois, 1777~1838)는 고양이가 우연히 넘어뜨린 병에서 피어오른 보랏빛 연기를 그냥 스쳐 지나가지 않았습니다. 당시 그는 화약을 만들기 위해 해초를 태운 재에서 칼륨을 얻어 내고 있었는데, 고양이가 넘어뜨린 병에는 각각 황산과 해초재를 우려낸 물이 들어 있었지요. 넘어진 병에서 나온 두 물질이 섞인 후 솟아오른 보랏빛 증기는 다름 아닌 요오드 증기였습니다. 그냥 스쳐 지나갈 수 있는 사건이었지만, 쿠르투아의 깊은 통찰력과 탐구심이 발동하여 과학적 발견으로 이어진 것이지요.

그 후 1814년, 프랑스의 과학자 게이뤼삭(Joseph Gay-

해초 재를
우려낸 물

황산

주인님한테
또 혼나겠네.

요오드 증기

Lussac, 1778~1850)은 그 증기가 보랏빛이라는 것에 착안하여 '보랏빛 같은'이라는 뜻을 가진 그리스 어 'iodes'를 따서 요오드라고 이름 붙였답니다.

혹부리 영감과 요오드

요오드는 바다에 사는 식물과 동물에 많이 들어 있습니다. 특히 미역, 다시마 같은 해초는 요오드의 주요 원천이지요. 사람의 몸에도 요오드가 들어 있습니다. 몸속의 요오드는 그 절반 이상이 갑상선에 포함되어 있으며, 갑상선 호르몬인 티록신의 구성 성분이 되기도 합니다.

만약 몸속에 요오드가 부족하면 갑상선종이라는 병을 일으킵니다. 혹이 생기는 병이지요. 옛날 이야기에 나오는 혹부리 영감은 아마 요오드가 부족했던 모양입니다. 바다에서 멀리 떨어진 사막이나 산악 지대에 사는 사람들에게 가끔 생길 수 있다고 합니다. 그래서 식염에 요오드를 첨가한 제품을 판매하는 나라도 있답니다.

건강한 보통 사람들은 요오드 결핍증을 그렇게 걱정할 필요가 없습니다. 요오드는 여러 물질 속에 화합물 형태로 널리 분포되어 있기 때문에, 사람들은 자기도 모르는 사이에 요오드를 먹게 되니까요. 그래도 걱정되면 해산물을 종종 먹으면 되지요.

요술 편지의 정체

요오드가 녹말을 만나면 어떻게 될까요? 녹말이 청남색이나 보랏빛으로 변하게 된답니다. 이것을 이용하면 요술 편지도 쓸 수 있고요. 요술 편지의 정체는 바로 요오드 녹말 반응이랍니다.

요오드 녹말 반응이란 녹말 용액에 요오드를 작용시켰을 때 녹말이 청남색으로 변하는 반응을 말합니다. 매우 예민한 이 발색 반응은 적은 양의 요오드나 녹말을 찾아내는 데 이용됩니다.

요오드 녹말의 발색은 녹말 분자의 나사 모양 구조 속에 요오드 분자가 직선 모양으로 끼어들어 가서 착화합물을 만들기 때문에 나타나는 현상입니다. 녹말의 종류와 분자량에 따라 나타나는 색깔이 조금씩 달라지는데, 청남색을 띠는 경우도 있고 좀 더 붉은 보랏빛을 띠는 경우도 있지요.

요술 편지는 요오드 녹말 반응을 이용한 것입니다. 종이 위에 레몬즙으로 글을 쓰고 말린 후, 이 편지를 요오드 용액을 떨어뜨린 소금물에 넣으면 글자가 다시 나타납니다. 종이에는 녹말 성분이 들어 있기 때문에 레몬즙이 묻지 않은 부분에서는 요오드 녹말 반응이 일어나 종이가 청남색으로 변한답니다.

그러나 레몬즙을 묻힌 부분은 요오드 녹말 반응이 일어나지 않습니다. 왜냐하면 레몬즙에 들어 있는 비타민 C가 요오드 분자를 이온으로 분해해 버리기 때문이지요. 요오드가 녹말을 만나면 요술 같은 반응이 일어나니까 이제 친구랑 비밀 편지를 주고받을 수 있겠네요.

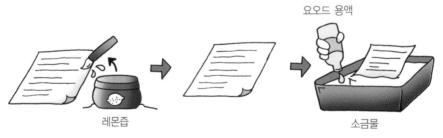

요오드 용액

레몬즙

레몬즙으로 글씨를 쓴다.

종이를 말리면 서서히 글씨가 안 보인다.

소금물

종이를 소금물에 넣으면 서서히 글씨가 다시 나타난다.

의약품과 식품에도 요오드가

　요오드는 물에 아주 적게 녹지만 알코올에는 잘 녹습니다. 상처를 소독하기 위해 바르는 '요오드팅크'는 요오드와 요오드 화합물이 5%가량 녹아 있는 알코올 용액이랍니다. 흔히 옥도정기라고도 부르는 그 빨간 약이 바로 요오드팅크입니다. 최근에는 X선 흡수제나 사진술에도 요오드가 쓰이고 있습니다.

　그리고 요오드는 유기체의 물질 대사에서 중요한 역할을 하고 있습니다. 젖소의 먹이에 요오드를 약간 섞어 주면 젖이 더 많이 나고, 양에게 먹이면 털이 더 빨리 자라며, 닭에게 먹이면 알을 더 많이 낳고, 돼지에게 먹이면 살이 더 빨리 찐다고 합니다.

어라? 수영복 색깔이 왜 이렇게 바래졌지?

아마 염소 때문일 거예요. 수영장 물을 소독하는 염소는 다른 물질의 색을 빼앗을 수도 있지요.

그러면 수돗물에서 나는 냄새도 염소 냄새인가요?

그렇지요. 수돗물을 살균·소독하기 위해 일정량의 염소를 물에 넣는답니다.

염소는 좋은 일을 하는군요.

치약 속에 들어 있는 플루오르는 충치 예방에 큰 역할을 하고 있지요.

나 때문에 이가 튼튼한 거라고!

치약

염소와 플루오르는 함께 모이면 생활에 유용한 화합물이 되지요.

프라이팬 안쪽에 둘러진 테플론은 가열해도 달라붙지 않는 플라스틱인데, 염소와 플루오르의 화합물이랍니다.

테플론

아, 그게! 우리 집에도 있어요.

가정용 냉장고의 프레온이라 불리는 냉매 물질도 염소와 플루오르로 이루어져 있어요. 또 플루오린화수소산은 유리를 녹이는 성질이 있어 유리 가공에 쓰인답니다.

프레온

염소와 플루오르는 우리 생활에 정말 중요한 역할을 하는군요.

충치 예방에 쓰이는 플루오르, 수돗물 소독에 쓰이는 염소는 모두 할로겐 가족이에요. 알고 보면 할로겐은 우리 주변에서 무척 많이 쓰이고 있지요.

플루오르 염소 브롬 요오드 아스타틴

할로겐 가족

12

게으른 **비활성** 가족

원소가 게으르다니, 무슨 말일까요?
아, 그렇군요. 반응을 잘하지 않는다는 말이로군요.
헬륨과 아르곤에 대해 알아보지요.

12

마지막 수업

게으른 비활성 가족

돌턴이 아쉬운 표정을 지으며
마지막 수업을 시작했다.

태양이 낳은 원소, 헬륨

거대한 홍염에 휩싸여 타오르는 태양은 지구 생명의 원천
입니다. 태양광이 없으면 지구는 더 이상 아름다운 푸른 행
성이 아니니까요.

1860년까지는 태양에 홍염이 있다는 것은 의심할 여지없이
인정되었지만, 홍염의 비밀은 당시까지 풀리지 않았습니다.
1868년 프랑스의 천문학자 얀센(Pierre Janssen, 1824~1907)
은 일식을 관찰하다가 홍염에서 나오는 밝은 황색선의 스펙트럼을 발견하였답니다. 수소의 선 스펙트럼과는 구별되는 이 황색의 스펙트럼은 다름 아닌 헬륨 원소로부터 나오는 것이었습니다. 태양에서 나온 새로운 원소, 헬륨의 탄생을 알리는 과학적 발견이었지요.

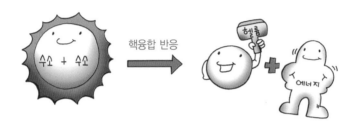

위로 흐르는 액체

1895년에 이르러서야 이름을 가지게 된 헬륨은 적은 양이지만 대기 중에 있으며, 지하수에서도 샘물에서도 발견할 수 있습니다. 헬륨의 가장 중요한 원천은 우라늄, 토륨 등의 광석이고요.

헬륨은 냄새도, 맛도, 색도 없습니다. 보통의 온도에서는 기체이며 −269℃에서 액체로 되고, −272℃에서 고체로 됩니다. 헬륨은 모든 원소 중에서 가장 낮은 온도에서 끓고 가장 낮은 온도에서 언답니다. 그러나 고체로 만들기 위해서는 낮은 온도와 함께 25기압이 넘는 높은 압력을 가해야 하지요.

수소 다음으로 가벼운 헬륨 기체는 비행선이나 기구의 바람 주머니를 채우는 데 쓰입니다. 수소 기체는 매우 쉽게 타 버리는 성질이 있지요. 제1차 세계 대전 당시, 수소 기체를 채운 '불타는' 비행선 때문에 고민하던 영국군은 수소 대신 헬륨 기체를 채워 '불타지 않는' 비행선을 만들었습니다. 잘 타지 않는 헬륨 덕분에 불타지 않는 비행선이 등장하게 된 것이지요.

헬륨의 재미있는 성질 중의 하나는 액체 상태에서 초유동성을 갖는 것입니다. 온도를 낮추어 주면 어떤 온도를 경계로 하여, 보통의 액체 헬륨과는 성질이 다른 초유동 액체 헬륨이 생깁니다. 이 액체는 보통의 액체가 지나갈 수 없는 아주 가는 관을 지나기도 하며, 용기의 벽을 타고 올라가 저절로 밖으로 흘러나오기도 합니다. 위쪽으로 흐르는 액체라고나 할까요. 뚜껑이 없는 그릇에 이것을 담아 두면 저절로 쏟아지겠지요. 이와 같이 액체가 마치 기체처럼 움직이는 성질을 초유동성이라고 합니다.

잠수병과 인조 공기

헬륨은 깊은 바다까지 들어가야 하는 잠수부들에게 아주 고마운 기체랍니다. 바닷속은 우리가 생활하는 보통의 상태보다 높은 압력을 나타내는데, 수면 아래로 10m 내려갈 때마다 1기압씩 높아진다고 합니다. 물속으로 수십 m를 내려가야 하는 잠수부들은 수기압이나 되는 높은 압력을 견뎌 내야 한답니다.

그런데 깊은 물속에 오랜 시간 잠수하면 높은 압력 때문에 질소, 산소 기체가 혈액 속에 많이 녹아 들어가서 중독 증세가 나타나기도 합니다. 더 위험한 것은 수면 위로 올라올 때 압력이 갑자기 낮아지면 혈액 속에 녹아 있던 질소 기체가 기포로 되는 것입니다.

질소 기포는 혈관을 막아 혈액 순환을 방해하고 조직을 압박하기도 합니다. 이때 혈압이 낮아지고 현기증, 의식장애 등의 증세가 나타나는데, 이것을 흔히 잠수병이라 부릅니다. 압력이 낮아지면서 발생하는 일종의 감압병이지요.

인조 공기란 질소 대신 헬륨을 넣은 공기를 말하지요. 즉, 헬륨 기체와 산소 기체를 혼합한 것이지요. 헬륨은 질소보다 밀도가 작아 호흡하기 쉬우며, 질소보다 혈액에 잘 녹지 않으므로 감압 상태에서도 혈액 내에서 기포로 되는 일이 없습니다. 잠수병의 공포를 줄여 주는 고마운 인조 공기는 천식 환자, 질식자를 치료할 때에도 이용된답니다.

헬륨의 별명은 '도널드 덕'

헬륨 기체를 입에 넣고 말하면 디즈니 만화의 도널드 덕처럼 목소리가 우스꽝스럽게 들립니다. 흔히 헬륨 '도널드 덕' 효과라 불리는 이 현상은 목소리의 진동수가 달라지면서 생기는 것입니다.

목소리는 크게 두 가지 요인에 의해 결정됩니다. 먼저, 폐에서 나온 공기가 성대를 통과하면서 진동할 때, 진동수의 크고 작음에 따라 소리의 높낮이가 결정됩니다. 각자가 가지고 있는 성대의 떨림, 즉 고유 진동수에 의해 목소리가 결정된다는 것이지요. 평균적으로 성인 남자의 경우 평균 130Hz, 여자의 경우 평균 205Hz 정도의 진동수를 가지고 있습니다. 여자의 목소리가 남자보다 높은 이유는 바로 진동수가 크기 때문이지요.

또 입 안에 있는 기체의 종류에 따라 목소리가 달라지기도 합니다. 입 안에서 울리는 소리의 속도가 입 안에 있는 기체의 밀도에 따라 달라지기 때문이지요. 보통 공기의 밀도는 약 29g/cm³이고, 같은 온도에서 헬륨 기체의 밀도는 4g/cm³입니다. 헬륨 기체의 밀도가 공기보다 훨씬 작습니다. 보통의 온도에서 공기를 지나는 소리의 속도는 초속 340m 정도입니다. 그러면 공기보다 밀도가 작은 헬륨 기체를 지나는 소리의 속도는 어떻게 될까요?

소리의 속도는 소리가 지나가는 기체의 밀도에 따라 달라집니다. 기체 밀도가 작을수록 소리의 속도는 더 빨라지지요. 그래서 헬륨 기체를 통과하는 소리의 속도는 공기의 경우보다 3배 정도 빨라져, 초속 891m 정도라고 합니다. 소리의 속도가 빨라지면 공명 진동수가 높아지고요.

결국, 입 안에 헬륨 기체를 넣고 말을 하면 소리의 속도가 빨라지면서 공명 진동수가 높아지게 되는 것이지요. 헬륨 기체를 넣고 말을 하면 평상시보다 2.7옥타브 정도 높은 소리가 난다고 합니다. '도널드 덕'의 비밀은 입 안의 헬륨 덕분에 목소리의 공명 진동수가 높아지기 때문이었습니다.

게으른 아르곤

공기 중에 1% 정도 존재하는 아르곤은 색도 없고 냄새도 없는 기체입니다. 암석에서는 아르곤 기체가 암석 내부까지 들어와 저장되어 있는 형태로 발견되기도 하는데, 산출되는 아르곤의 대부분은 광물에서 일어나는 칼륨의 붕괴에 의한 것이라고 합니다.

칼륨의 붕괴에 의해 아르곤이 생성되는 것을 이용하면 지구의 나이를 계산할 수도 있답니다. 그리고 아르곤 기체는 지각 운동에 의해 지금도 암석으로부터 대기 중으로 새어나오고 있습니다.

작은 차이가 만든 큰 발견

1893년 영국의 과학자 레일리(John Rayleigh, 1842~1919)는 여러 가지 기체의 밀도를 연구하고 있었습니다. 그는 공기 중에서 산소와 이산화탄소를 제거해 만든 질소 기체의 질량이 질소 화합물로부터 만들어진 질소 기체의 질량보다 늘 무겁다는 것을 발견했습니다.

공기로부터 만든 질소 1L의 질량은 1.2572g, 암모니아와 같은 질소 화합물에서 만들어 낸 질소 1L의 질량은 1.2505g이었지요. 0.0067g이라는 작은 차이를 무시하지 않은 레일리는 동료 과학자 람제이와 함께, 당시로부터 거의 100년 전에 죽은 영국의 과학자 캐번디시의 논문을 뒤져 가며 연구를 계속했답니다.

그 결과, 공기 중에는 질소, 산소, 이산화탄소 이외의 기체가 들어 있다는 것을 실험적으로 밝혀냈는데, 이것이 바로 아르곤 기체랍니다. 작은 차이를 크게 생각했던 레일리가 이

룬 과학적 발견이었습니다.

게으름뱅이 아르곤

당시 레일리는 아르곤 기체가 어떤 물질과도 반응하지 않는다는 것을 알았습니다. 반응성이 크기로 유명한 플루오르나 염소, 나트륨도 아르곤 앞에서는 무력했으니까요. 아르곤은 그 누구하고도 반응하지 않으려는 게으름뱅이처럼 보였답니다. 그래서 '게으르다'는 뜻의 그리스 어 'argos'를 어원으로 하는 아르곤(argon)이라고 이름 지었습니다.

그러나 근래 밝혀진 바에 의하면, 어떤 물질과도 반응하지 않는 것으로 생각되었던 아르곤이 물 분자나 히드로퀴논 분자들의 구멍에 끼어들어 가서 수화물 결정이나 퀴놀 분자 화합물을 형성하는 것으로 밝혀졌습니다.

가장 최근에는 핀란드 헬싱키 대학교의 과학자들이 아르곤을 함유한 세계 최초의 안정한 화합물을 합성했습니다. 아르곤 플루오로하이드리드(HArF)라는 이 화합물은 아주 차가운 표면 위에서 필름 형태로 저온에서만 존재한다고 합니다.

아르곤이 게으른 진짜 이유

사실, 원소 중에서 아르곤만 게으른 것은 아닙니다. 아르곤보다 더 게으른 헬륨과 네온도 있고, 아르곤보다는 덜하지만 역시 게으른 크세논이나 크립톤도 있습니다. 이들은 모두 반응성이 대단히 작은 비활성 기체입니다. 귀족 기체(noble gas)라고도 부르는데, 귀족처럼 고상하게 앉아 있으려고만 하는 성질과 잘 어울리는 말이지요.

아르곤 기체가 게으른 진짜 이유는 바로 전자 배치 때문입니다. 원자는 양전하를 띤 핵과 음전하를 띤 전자로 이루어져 있습니다. 그런데 가장 안정한 상태를 이룰 만큼의 전자를 가지고 있지 않은 원자들은 완전한 전자 배치를 갖추기 위해 다른 원자와 반응하여 전자를 얻거나 잃는답니다. 이런 원자들은 반응성이 매우 크지요.

즉, 원소의 반응성은 그 원자가 가지고 있는 최외각 전자의 수에 따라 결정됩니다. 비활성 기체인 헬륨, 네온, 아르곤, 크

립톤, 크세논, 라돈은 원자 내의 전자 배치가 이미 가장 안정한 상태를 이루고 있습니다. 그래서 화학적으로 비활성, 즉 다른 원자와 전혀 반응하지 않으려고 합니다. 아르곤 원자는 아르곤 원자끼리 또는 다른 어느 원소와도 결합하지 않는답니다.

원자에서 완전한 수, 8

원자 내의 최외각 전자의 수가 8개를 이루면 가장 안정한 상태입니다. 최외각 전자가 8개에서 많이 모자라는 원자는 자신의 최외각 전자를 버리려고 애쓰고, 8개에서 한두 개 정도 부족한 원자는 다른 곳으로부터 전자를 얻어 오려고 애쓰지요. 그래서 전자를 내놓으려는 성질이 큰 원자가 있는가 하면, 전자를 얻어 오려는 성질이 큰 원자가 있지요.

아르곤

아르곤과 같은 비활성 기체들의 원자는 이미 최외각 전자 8개를 갖추고 있어, 더 이상 다른 원자들과 전자를 주고받는 데 관심이 없습니다. 다른 물질과 결합하지 않고 홀로 있을 때가 가장 편안한 상태니까요.

과학자들의 노력에 의해 비활성 기체 중 아르곤보다 덜 게으른 크립톤, 크세논, 라돈을 함유한 화합물들은 이미 만들어진 바 있습니다. 그리고 아르곤 화합물을 최근에 만들었고요. 아르곤보다 더 게으른 헬륨과 네온의 화합물은 아직 만들지 못했지만, 언젠가는 이 두 원소를 포함한 화합물도 만들 수 있을 것으로 기대하고 있습니다.

할 일이 많아진 아르곤

　　주로 백열전구나 형광등에 넣는 기체로 쓰이던 아르곤이 최근에는 하는 일이 부쩍 많아졌습니다. 아르곤 레이저로 레이저 쇼에 출연하기도 하고, 의료용 레이저이나 플라스마 형태로 수술에 참여하기도 합니다. 압력에 따라 방전색이 카멜레온처럼 달라져서 화려한 네온사인에 사용되기도 하고요.

　　아르곤 레이저는 가장 강력한 가시광 영역의 레이저입니다. 특히, 청색과 초록에서 가장 강력한 레이저 빛이 발생되어 조명 효과가 뛰어나므로 레이저 쇼나 무대 조명에 이용됩니다. 이 빛은 적색 계통의 혈색소에 잘 흡수되기 때문에 혈관종이나 모세혈관 확장증 치료에 이용되기도 합니다.

　　코를 심하게 고는 사람이나 비염 환자의 치료에도 아르곤이 쓰입니다. 치료시 청백색의 아르곤 플라스마, 즉 이온화

된 아르곤 기체가 염증이나 출혈이 생긴 조직을 급속하게 응고시킨다고 합니다.

자외선 살균기의 비밀, 아르곤

햇빛의 살균력보다 1,600배나 강하다고 하는 자외선 살균기에도 아르곤이 쓰입니다. 보통 생각으로는 살균하기 위해 아주 높은 온도로 가열해야 할 것 같은데, 결코 뜨겁지 않은 이 살균기의 비밀은 무엇일까요?

자외선은 가시광선보다 짧은 파장을 가진 빛을 말합니다. '빨주노초파남보'라고 하는 무지개색의 빛을 가시광선이라 하며, 보라보다 바깥쪽에 있는 파장의 빛을 자외선이라 하지요. 자외선은 가시광선 밖의 파장이므로 우리들의 눈에 보이지 않는답니다.

가시광선(파장 380~770nm)처럼 눈에 보이지는 않지만, 파장이 짧은 자외선(파장 10~380nm)은 254nm 정도의 파장에서 박테리아, 바이러스, 효모, 곰팡이 등을 살균시킬 수 있습니다. 자외선 살균기의 보랏빛 램프는 사람들에게 자외선이 나오고 있다는 것을 알기 쉽게 하도록, 형광등에 은은한 보랏빛을 입힌 것입니다.

그러면 자외선은 어떻게 만들어 내는 것일까요? 살균 램프

안 유리관은 진공으로 되어 있는데, 여기에 적당량의 수은과 아르곤, 또는 비활성 기체 등이 혼합되어 들어 있답니다. 여기에 2개의 전극에 전류를 흘려 열전자를 방출시키면, 아르곤 기체를 매개로 하여 방전이 일어납니다. 방전에 의해 유리관 내에 전자가 흐르게 되는데, 여기에 수은 기체가 충돌해 자외선을 방출한답니다.

만화로 본문 읽기

원자설을 제창한
돌턴 John Dalton, 1766~1844

돌턴은 영국 컴벌랜드 출생으로 화학적 원자론의 창시자입니다.

그는 퀘이커 교도에게 수학을 배워 12세에 사설 강습소를 개설하였고, 15세에 켄들에서 형과 함께 학교를 경영하였습니다.

그 후 1792년 맨체스터의 뉴칼리지에서 수학과 자연철학을 가르쳤으며, 1800년에는 교수직을 사임하고 수학·과학 등을 가르치는 교사로 있으면서 평생을 연구에 전념하였습니다.

돌턴은 1794년, 자신의 색맹을 주제로 하는 논문을 발표하였습니다.

또 그는 기체에 많은 관심을 가지고 있었으며 기상과 기압

현상에도 흥미를 가지고 있었습니다. 그는 비, 증발 현상, 수증기 등에 대해 연구한 후 《기상학적 관측과 논문》이라는 책을 쓰기도 하고 공기가 여러 기체의 혼합물이라는 주장을 펴기도 했습니다. 그 후 기체 혼합물의 압력은 각 구성 성분 기체의 압력을 합한 것과 같다는 '부분 압력 법칙'을 발견하게 됩니다.

1803년에는 모든 물질이 원자라는 작은 알갱이로 구성되어 있다는 원자설을 처음으로 주장하였습니다. 돌턴의 원자설은 게이뤼삭이 발견한 '기체 반응의 법칙'에 대한 설명에 곤란을 가져옴으로써 아보가드로의 '분자설'의 확립을 보게 되었습니다.

돌턴은 이외에도 원자론을 화학 분야에 도입하고, 각종 물질의 원자의 무게를 정하는 방법을 고안하였습니다.

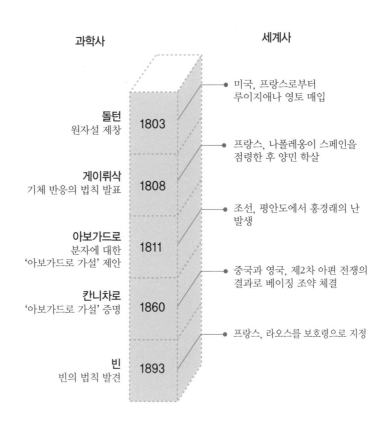

과 학 연 대 표
언제, 무슨 일이?

과학사

세계사

돌턴
원자설 제창

1803

미국, 프랑스로부터
루이지애나 영토 매입

게이뤼삭
기체 반응의 법칙 발표

1808

프랑스, 나폴레옹이 스페인을
점령한 후 양민 학살

아보가드로
분자에 대한
'아보가드로 가설' 제안

1811

조선, 평안도에서 홍경래의 난
발생

칸니차로
'아보가드로 가설' 증명

1860

중국과 영국, 제2차 아편 전쟁의
결과로 베이징 조약 체결

프랑스, 라오스를 보호령으로 지정

빈
빈의 법칙 발견

1893

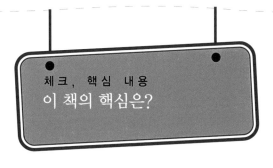

1. 라부아지에는 물질의 연소를 돕는 기체를 발견하고, 이 기체의 이름을
   ☐☐ 라고 불렀습니다.

2. 원자는 ☐☐☐ 과 ☐☐ 로 이루어지며, 원자핵 속에는 양성자와
   중성자가 들어 있습니다.

3. 원자량은 실제 질량과는 상관없이 ☐☐ 원자의 원자량을 12로 정하
   고, 이것을 기준으로 다른 원자들의 상대적인 질량비를 구한 것입니다.

4. 원자 번호는 원자핵 속에 들어 있는 ☐☐☐ 의 수를 가리킵니다.

5. 원자들은 서로 ☐☐ 를 공유하면서 결합하여 분자를 구성하는데, 이
   런 결합을 공유 결합이라고 합니다.

6. 원자가 전자를 잃으면 ☐☐☐ 으로 되고 전자를 얻으면 ☐☐☐
   으로 됩니다.

7. 용액의 수소 이온 농도는 pH로 나타내는데, pH가 7보다 작으면 ☐
   ☐, pH가 7보다 크면 ☐☐☐ 이라고 합니다.

1. 산소 2. 원자핵과 전자 3. 탄소 4. 양성자 5. 전자 6. 양이온, 음이온 7. 산성, 염기성

미래의 에너지 대란을 막을
수 있는 희망 수소 에너지

　지금 인류는 제4의 에너지 혁명을 기다리고 있는데, 그 주
역으로 떠오르고 있는 것이 수소입니다. 수소가 생겨난 것은
태초에 우주가 시작되면서부터입니다. 우주는 대폭발로 시
작되었고, 이때 생겨난 우주 먼지와 가스 덩어리로 별들이
만들어졌습니다. 이 가스 덩어리가 수소입니다. 그래서 수소
는 우주를 만들어 낸 중요한 구성 요소인 동시에 현재 우주에
서 가장 많은 원소이기도 합니다.

　미래의 에너지로 수소가 꼽히는 이유는 자연계에 무한정
존재하고 있어 구하기가 쉽고, 연소할 때 이산화탄소를 발생
시키지 않아 환경 친화적이기 때문입니다. 전문가들은 현재
의 석유 시대가 석유 자원 고갈과 환경 규제의 영향으로
30~40년 내에 막을 내리고, 수소를 주력 에너지원으로 사용
하는 시대가 올 것으로 보고 있습니다.

수소를 에너지원으로 하는 자동차는 두 종류가 있습니다. 수소 연료 전지 자동차와 수소 엔진 자동차입니다.

수소 연료 전지 자동차는 물을 전기 분해하면 수소와 산소로 분리되는 것을 역으로 이용합니다. 즉, 수소와 산소가 화학 반응을 할 때 나오는 전기가 곧바로 모터를 돌려 자동차를 움직이게 하는데, 유해한 배기 가스 대신 수증기가 나오게 되는 것입니다.

수소 엔진 자동차는 수소를 엔진에 직접 분사해 폭발하는 힘으로 달립니다. 즉 수소가 연소할 때 순식간에 에너지가 방출되는 폭발적 반응을 이용하는 것입니다. 시동 걸 때 엔진음이 나고, 가속할 때도 약간의 소음과 진동이 들립니다.

이처럼 수소 연료 전지 자동차와 수소 엔진 자동차 모두 친환경 차량으로 꼽히지만, 수소 자동차에 대해 부정적인 주장을 하는 사람들도 있습니다. 현재로선 수소 연료 제작 과정에 많은 석유가 사용된다는 지적도 있습니다. 또 수소 충전소 등의 기반 시설도 아직 제대로 갖춰지지 않았습니다.

이에 대해 자동차 업계는 수소 충전소가 현재의 주유소만큼 늘어나고, 원자력 발전소의 열을 이용하는 등 다른 방식의 수소 제조 기술이 개발되면 수소의 생산 비용은 낮아질 것으로 내다보고 있습니다.

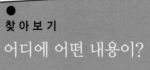

찾 아 보 기

어디에 어떤 내용이?